目录 CONTENTS

Part ③ 海洋怪物之谜

Part ④ 海洋生物之谜

青少年百科知识文库

未解之谜 · 诡异的海洋

UNSOLVED MYSTERY

司马袁茵◎编著

河南人民出版社

图书在版编目（CIP）数据

诡异的海洋/司马袁茵编著. --郑州：河南人民
出版社，2014.11
（青少年百科知识文库. 未解之谜）
ISBN 978-7-215-09069-9

Ⅰ．①诡．Ⅱ．①司．Ⅲ．①海洋-青少年读物
Ⅳ．①P7-49

中国版本图书馆CIP数据核字(2014)第258405号

设计制作：崔新颖　王玉峰
图片提供：ⓦ fotolia

河南人民出版社出版发行
（地址：郑州市经五路66号　邮政编码：450002　电话：65788036）
新华书店经销　　永清县晔盛亚胶印有限公司 印刷
开本 710毫米×1000毫米　　　1/16　　印张 9
字数 128千字　　插页　印数 1-6000册
2014年11月第1版　　　　2015年4月第1次印刷

定价：29.80元

Part❺ 海洋神奇地带

Part❻ 海洋奇景之谜

Part⑦ 海洋地质之谜

Part 1

远古海洋之谜

海洋是如何形成的

　　地球上的水究竟是从哪里来的？讨论这个问题，实际上是讨论海洋形成的问题。然而，直到今天，科学界一直存在着不同的看法。

　　多数的看法认为，大约在 50 ~ 55 亿年前，云状宇宙微粒和气态物质聚集在一起，形成了最初的地球。原始的地球，既无大气，也无海洋，是一个没有生命的世界。在地球形成后的最初几亿年里，由于地壳较薄，

← 海洋

加上小天体不断轰击地球表面，地幔里的熔融岩浆易于上涌喷出，因此，那时的地球到处是一片火海。随同岩浆喷出的还有大量的水蒸气、二氧化碳，这些气体上升到空中并将地球笼罩起来。水蒸气形成云层，产生降雨。经过很长时间的降雨，在原始地壳低洼处，不断积水，形成了最原始的海洋。原始的海洋海水不多，约为今天海水量的 1/10。另外，原始海洋的海水只是略带咸味，后来盐分才逐渐增多。经过水量和盐分的逐渐增加，以及地质历史的沧桑巨变，原始的海洋才逐渐形成如今的海洋。这是第一种有代表性的说法。

还有一种说法是，海水来自冰彗星雨。这是美国科学家提出的一种新的假说。这一理论是根据卫星提供的某些资料而得出的。1987 年，科学家从卫星获得高清晰度的照片。在分析这些照片时，发现一些过去从未见到过的黑斑，或者说是"洞穴"。科学家认为，这些"洞穴"是冰彗星造成的。而且初步判断，冰彗星的直径多在 20 千米。大量的冰彗星进入地球大气层，可想而知，经过数亿年，或者更长的时间，地球表面将得到非常多的水，于是就形成今天的海洋。但是，这种理论也有它不足的地方，就是缺乏海洋在地球形成发育时的机理过程，而且这方面的证据也很不充分。

海洋是如何形成的，或者说，地球上的水究竟来自何方？只有当太阳系起源问题得到解决了，地球起源问题、地球上的海洋起源问题才能得到真正解决。

海洋的年龄之谜

在过去的很长时间里，人们普遍认为，海底是很古老的，它几乎和地球的年龄一样古老。然而，近几十年人们对深海的考察研究发现，这种认识是错误的。

那么，海底的年龄究竟有多大呢？

科学家普遍认为，洋底是年轻的，其年龄最老超不过2.2亿年，和地球45亿年的寿命相比，洋壳的历史不过是地球演化史上最近的一章。

科学家对海洋年龄问题的研究还在继续之中，人们对海洋的性质和年龄等方面的认识分歧较大，归纳起来主要有三种认识：

第一种观点认为，海洋是原生的，它早在地球的地质发展的初始阶段就已经存在了。持这种看法的人认为，海洋是古老的，这是一种比较传统的看法。

第二种看法认为，各大洋的年龄是不相同的，太平洋的年龄最古老，在远古时代就形成了，而其他各大洋的年龄比较年轻，它们均在古生代末期或中生代形成。

第三种观点是，世界各大洋的年龄都很年轻。根据陆地地壳的海洋化假说，世界各大洋都是在古生代的末期到中生代的初期于各大陆原来的地区产生的。

现在，越来越多的人赞成海底扩张理论和板块构造理论。按照这种新概念，可以肯定地说，世界各大洋均在中生代形成。所以有"古老的海洋，年轻的洋底"之说。

大西洋中脊之谜

　　仅次于太平洋的世界第二大洋——大西洋，是古罗马人根据非洲西北部的阿特拉斯山脉命名的。大西洋也是最年轻的海洋，它是由大陆漂移引起美洲大陆与欧洲和非洲大陆分离后而形成的。虽然现在还没有足够的证据证明，大西洋早在1亿～1.2亿年前就已存在，但大多数科学家都承认，美洲大陆是在近2亿年内随着大陆漂移才开始与欧洲和非洲大陆分离的。分离的中心点位于冰岛北部的某处，所以，这些大陆的边缘

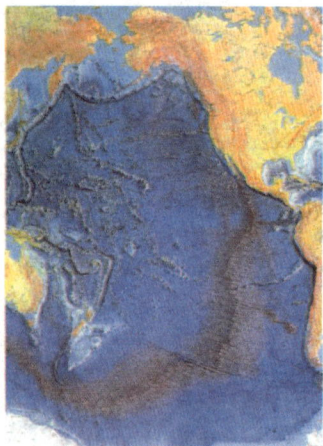

↑　大西洋中脊

如同一把张开的大剪刀的刀刃；分离的中央是大西洋海岭，它是地球上最大的山脉——大西洋中脊的一部分。大洋中脊绵亘4万多海里，宽约1500千米。它穿过了所有海盆，大西洋海岭又是大洋中脊中比较典型的部分。它最明显的特点就是高度变化幅度大，从深海平原开始，海岭逐渐升高，形成了崎岖不平和有大断裂的海底山峰，峰巅距水面约1800米，

距海底约 1000～3000 米，沿海岭中轴，有一条很深的裂谷，谷底比侧峰低约 1800 米，宽约 2.1 万～4.8 万米，这个裂谷表示出大西洋海底两侧的分裂带。

大西洋中脊上的火山奇观很早以前就被发现了，有经验的航海家横渡大西洋时，就感觉到大西洋中部似乎有一条平行于子午线的水下山脊。随着深海测量技术的发展和海洋地质工作者的不断深入探索，人们已经证实了这条巨大的大西洋中脊的存在。

著名的大西洋中脊自北部的冰岛起，至南部的布维岛止，长约 15000 千米，巍然耸立于洋底，山脉走向也与两岸轮廓一致，呈"S"形，距东西两岸几乎相等，位置居中，"中脊"之名由此而来。

大西洋中脊平均高出海底 2000 米左右，有的地方高出 4000 米，部分地方甚至高出海面成为岛屿，如冰岛、亚速尔群岛、圣赫勒拿岛、圣帕维尔岛、阿森岛和特里斯坦——达库尼亚群岛等，并常构成火山岛。像亚速尔群岛、加拿列群岛等都发现有活火山活动，沃兹涅先尼亚群岛和冰岛也是由火山构成的。

例如，1957 年 9 月 27 日，亚速尔群岛的法亚尔岛上的居民发现了一种奇怪的海浪，接着看到水中升起一根巨大的蒸气柱，强烈的震动开始了，震撼着整座岛屿，被称作卡皮利纽斯的水下火山就这样喷发了。一夜之间，在原来水深 50 米的地方，由火山喷出物突出海面形成一座山丘，这块新的陆地已高出水面 115 米。火山喷发口的地壳好像在喘息。致使新形成的岛屿随之上起下落，到第 81 天，从火山口向海里流出一条条熔岩的火河。

1963 年 11 月 14 日，在冰岛以南的大西洋中，渔民们发现海面上升起一团团浓烟，接着水中不断抛出石块，10 天之后，形成一座长 900 米、宽 650 米、高出海面 100 米的岛屿，这座新岛屿被命名为苏尔特塞岛。这次造岛活动持续一年半之久，到 1965 年春季才结束。据调查，仅在与大西洋中脊断裂带相联系的冰岛，就拥有 200 多座活火山。

资料表明，从 17 世纪至 19 世纪，亚速尔群岛上至少已观察到 7 次火山喷发，并多数形成新的岛屿。由于火山喷发而产生的疏松物很难抵御凶猛的海浪冲击，因而人们看到的新岛屿，常常是上部已被珊瑚堆积的平顶海山。

大西洋中脊另一个引人注目的特点，是沿着中脊的轴部，配置纵向的中央裂谷。它把脊岭从中间劈开，像尖刀一样插入海脊中央。由"无畏号"和"发现号"考察船证实，断裂谷深度在 3250 ～ 4000 米之间，宽 9 千米。大裂谷中央完全没有或者只有薄层沉积物，表明这个区域的洋底是由新形成的岩石构成的。曾两次潜入大西洋中脊裂谷的海尔茨勒说："我的印象是，海底就像一个来回游荡并捣毁着的大力士，而且很明显它是一个正在忙着制造地震和火山的可怕的地方。"科学家通过潜水器的窗孔，看到了一些人类从未见过的景象，如一些洋底基岩就像一个巨大的破鸡蛋，其流出的蛋黄，则像刚流出来就被冷凝似的（一团团岩浆从地球深处被挤上来，当它和极冷的海水接触时，很快就在它的周围凝成一层外壳。后来外壳破了，里面的熔融体就流出来形成这种外观）。

潜水器里的科学家还看到裂谷底面有许多很深的裂隙，见到一块块玻璃状外壳，还有长在熔岩上面的像蘑菇盖般的岩石以及各种奇形怪状的巨大熔岩体。它们有的像一条钢管，有的像一块薄板，有的像绳子或圆锥体，有的像一卷卷棉纱或像被挤出来的牙膏。

1973 年 8 月，"阿基米德"号深海潜水器曾对正在升起的一座"维纳斯"火山进行了探查，对所采的海底岩石样品进行年龄测定，发现其年龄尚不到 1 万年，这证明它是大裂谷底部最年轻的岩石。这个事实告诉我们，新涌上来的岩浆曾在这个裂谷的正中央形成新的地壳。

1974 年，就在上述潜水器观察过的附近，科学家从 583 米深处的熔岩层中采取岩心样品。有意思的是，在大洋玄武岩基底上的沉积物年代，竟随它距大西洋中脊轴线距离的增加而变老，每一钻探点洋底以下的沉积物年代，又随深度的增加而增加。因此，深海钻探资料明确支持这样的观点，南大西洋洋底自 6500 万年以来，一直以平均每年 4 厘米的速度向两侧分离开来。

大西洋中脊大裂谷，两边有许多很深的峡谷，这些破裂带成直角切过这条洋脊裂谷。千百万年来，大陆的漂移扩散，就是循着这些横向破裂带移动着。因此，大西洋中脊是现代地壳最活跃的地带，那里经常发生岩浆上升、地震和火山活动。它们是怎样生成的呢？科学家们认为，大西洋中脊是新地壳产生地带，洋脊高峰被一个中谷分成两排峰脊，而中谷是地壳张裂的结果，地壳以下的熔融岩浆沿着裂谷上升，凝结成新地壳，这些新地壳不断产生，把老的条带向两旁推移。这样就使得大洋底岩石的年龄离洋脊愈近愈年轻，愈远就愈老。大地磁异常条带在洋脊两侧也呈有规律的排列。但是在大洋中脊两旁海底扩张的速度不一定全部相等，甚至有时一边扩张，另一边相对不动。

现在，虽然再也没有人认为大西洋中脊的形成是"莫名其妙"的了，但关于它的许多问题，特别是大西洋中脊的岩石如何能沿水平方向推移开去，构成新的洋底等一系列根本性质的问题，仍有许多争论。

海底古磁性条带之谜

19世纪末，著名物理学家居里在自己的实验室里发现磁石的一个物理特性，就是当磁石加热到一定温度时，原来的磁性就会消失。后来，人们把这个温度叫"居里点"。在地球上，岩石在成岩过

↑ 海底磁性条带示意图

程中受到地磁场的磁化作用，获得微弱磁性，并且被磁化的岩石的磁场与地磁场是一致的。这就是说，无论地磁场怎样改换方向，只要它的温度不高于"居里点"，岩石的磁性是不会改变的。根据这个道理，只要测出岩石的磁性，自然能推测出当时的地磁方向。这就是在地学研究中人们常说的化石磁性。在此基础之上，科学家利用化石磁性的原理，研究地球演化历史的地磁场变化规律，这就是古地磁说。

为了寻找大陆漂移说的新证据，科学家把古地磁学引入海洋地质领域，并取得令人鼓舞的成绩。

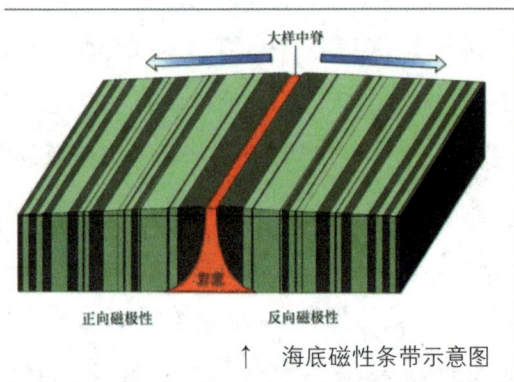

第二次世界大战之后，科学家使用高灵敏度的磁力探测仪，在大西洋洋中脊上的海面进行古地磁调查。之后，人们又使用磁力仪等仪器，以密集测线方式对太平洋进行古地磁测量。两次调查的资料使人们惊奇地发现，在大洋底部存在着等磁力线条带，而且呈南北向平行于大洋洋中脊中轴线的两侧，磁性正负相间。每条磁力线条带长约数百千米，宽度在数十千米至上百千米之间不等。

海底磁性条带的发现，成为 20 世纪地学研究的一大奇迹。1963 年，英国剑桥大学的一位年轻学者 F.J. 瓦因和他的老师 D.H. 马修斯提出，如果"海底扩张"曾经发生过，那么，大洋中脊上涌的熔岩，当它凝固后应当保留当时地球磁场的磁化方向。就是说在洋脊两侧的海底应该有磁化情况相同的磁性条带存在。当地球磁场发生反转时，磁性条带的极性也应该发生反转，磁性条带的宽度可以作为两次反转时间的度量标准。

这个大胆的假说，很快被证实了，人们在太平洋、大西洋、印度洋都找到了同样对称的磁性条带。不仅如此，科学家还计算出在 7600 万年中，地球曾发生过 171 次反转现象。

研究还发现，地球磁场两次反转之间的时间最长周期约为 300 万年，最短的周期约为 5 万年，两次反转的平均周期约为 42 万～ 48 万年。目前，地球的磁场方向已保留 70 万年了，所以，人们预感到一个新的磁场变化可能正在向我们靠近。

对于海底磁性条带的研究仍在继续之中，许多问题仍找不到令人满意的答案。例如，对于地球磁场为什么要来回反转这个最基本的问题，就无法解释清楚。尽管科学家们提出过种种假说，但其真正的原因还是不清楚的。也就是说，地球发生磁场转向的内在规律之谜，有待于科学家们去继续探索。

古老的海水之谜

　　科学家们普遍认为：海洋是古老的，而洋壳是年轻的。那么随之而来的问题就是，海洋里应该有 45 亿年以前的海水才对。

　　然而，这么古老的海水至今还没有找到。迄今为止，确定海水年龄的最有效的方法是碳 −14 放射性元素衰变测定法。

　　在世界海洋的许多区域，由于温度下降或含盐量增加，形成表面水的密度不断增加并向深处下沉。所以，一定的水体在海面上存留的时间应该反映海水的实际年龄。

　　结果测得的各种水体年龄并没有像想象的那么古老。北大西洋中层水为 600 年，北大西洋底层水为 900 年，北大西洋深层水为 700 年，测量到的南太平洋深层水所得到的年龄范围在 650 ～ 900 年之间。

　　这里就产生一个疑问了：与地球年龄差不多一样古老的海水到哪里去了？

　　从理论上说，海水应该是古老的，起码要比洋壳老得多，然而测得的结果却令人迷惑不解。

　　难道说古老的海水真的在海洋中消失了吗？

远古蛤蜊长寿之谜

美国科学家最近发现，一种 4500 万年前生活在南极洲的蛤蜊，寿命可长达 120 年，并在研究其长寿成因后发现，节制饮食可能是长寿主因。

有科学家此前已经发现，生活在高原地区寒冷水域中的蛤蜊，寿命可比生活在暖水中的同类长 10 倍。对此现象的一种解释是，冷水环境里的蛤蜊新陈代谢较慢，因此寿命更长。但也有的科学家认为还存在别的原因。

美国锡拉丘兹大学的科学家说，他们研究的长寿蛤蜊化石，是在南极洲一个岛屿的沉积物里发现的。这些沉积物形成于几千万年前的始新世，当时南极洲海域水温比现在高 10℃ 左右，较为温暖。

科学家切开化石后发现，壳上有一些黑色条纹，这是蛤蜊生长的标记，就像树的年轮一样。条纹显示，这些蛤蜊最多可活到 120 岁左右，这在动物中是极为少见的高寿。由于它们生活在暖水里，无法用新陈代谢缓慢来解释其长寿的原因。

研究人员接下来分析了蛤蜊壳中碳元素和氧元素同位素的含量，发现这些蛤蜊是在冬季生长，在食物丰富的夏季反而不生长。科学家说，这种让人意外的现象显示，这些蛤蜊可能在夏天忙于繁殖而停止进食，

↑ 蛤蜊

到冬天才进食、生长。而冬天食物匮乏，限制了蛤蜊摄入的热量，可能正是这个原因导致了它们长寿。

　　许多科学研究发现，严格限制实验鼠等动物的饮食，有助于它们活得更久。上述新发现再次印证了这一点，为寻找影响生物寿命的因素提供了新线索。

南极文明之谜

在南极的千年冰封下，肯定隐藏着很多秘密等待人类发现。第二次世界大战以后，南极开始引起历史学家的关注。

20世纪初，著名的俄国《布洛克郝斯词典》和《埃佛伦百科大词典》里提到了在南极洲的水中栖息着多种多样的海藻和海洋动物。

↑ 南极洲

有一个假说，在公元前5000年到公元前10000年，地球上就存在人类文明，在航海、绘图、天文等方面都不低于18世纪的水平。南极洲那时气候温和，文化繁荣，随后也传到了非洲大陆的东北部。这个古老文明的消失，大约是因为在公元前10000年后开始，南方大陆渐渐结冰。可能是当地长期的洪水泛滥，毁了几乎所有的史前物质文明。其中有一部分被厚厚的南极坚冰覆盖，典型的史前文明幸存了下来，有可能传给了埃及人和闪族人。

这一假说似乎得到了印证。据俄罗斯《真理报》报道，地球人类的文明可能源于万年冰雪覆盖的南极大陆！

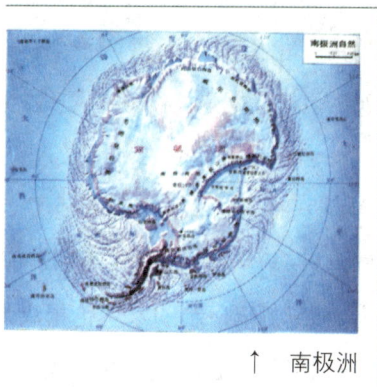

爱因斯坦认为，10000 多年前，南极不在南极点上，而位于温带地区。那个时候，温度气候均适宜的南极大陆也许曾孕育了一种高度发达的古文明。之后，南极漂移到了冰天雪地的南极点，气候突然异常寒冷，大陆被冰雪覆盖，南极文明也就随之消失了。

1840 年，伊斯坦布尔国家博物馆馆长哈利勒·艾德海，在土耳其伊斯坦布尔的托普卡比宫找到一张奇特的古代地图。这张古地图是 18 世纪初发现的，是一份复制品。地图上，除了地中海地区画得十分精确，其余地区如美洲、非洲都严重变形。

后来，科学家们终于找到这张地图的原件，这张由土耳其帝国舰队的海军上将皮尔·雷斯于 1513 年绘制的地图，几乎在南极洲被发现的 200 年前就把这块神秘的陆地标出来了。

当科学家们对古地图做进一步深入研究时惊讶地发现，这张古地图其实是一张空中鸟瞰图。古地图上还绘出了南极洲冰层覆盖下的复杂地貌，同南极探险队在 1952 年用回声探测仪对南极冰下地形的探测图毫无二致。

1532 年，制图家奥伦提乌斯·费纳乌斯根据史料绘制的世界地图上又绘制了一张地图，并在地图上注明了南极上的各个河床。1949 年，一支探险队到达南极罗斯海，发现了地图上所标明的河床，在河床里还有很多由河流带到南极并沉积下来的中纬度细粒岩石以及其他沉积物。

后来，华盛顿卡内基研究所的科学家们对这些沉积物进行了研究，结果发现它们已有 6000 多年了。也就是说，在 6000 年前，南极曾处于冰川前期，气候温暖，百川奔流，草木葱茏，充满了生机。费纳乌斯地图显然也证实了一个惊人的观点：在冰雪完全覆盖之前，南极洲曾被人类探访甚至定居过。若真是如此，那么最初绘制南极洲地图的人，就应该是生活在极为远古时代的南极人。

Part 2

海洋探索新发现

海洋鱼类化石推进胎生纪录

　　澳大利亚科学家最近宣称，他们发现了一个3.8亿年前的海洋鱼类化石。而令科学家惊奇的是，这条鱼竟然是条雌鱼，因为这具化石完整再现了"鱼妈妈"正在分娩的情景，它的脐带上还连着刚生下的鱼宝宝。相关专家为此认为，这条雌鱼是迄今为止最古老的"鱼妈妈"。

　　最古老的"鱼妈妈"被古生物学家称为鱼类之母。这种鱼也被称为"艾登堡鱼"，这是因为鱼类化石所在的遗址在澳大利亚西北部，最早是古生物学家大卫·艾登堡发现的。这一发现不仅为生物学增添了一个全新物种，而且把动物界已知的胎生纪录向前推进了约2亿年。"艾登堡鱼"也因此成为

↑　最古老的"鱼妈妈"化石

迄今已知最古老的胎生生物。

在这块保存完好的雌鱼化石中，雌鱼脐带上连接着一只子宫内单个胎儿，而脐带和胎儿隐藏在一片鱼鳍下。参与研究的西澳大利亚大学教授特里纳伊斯蒂奇说："当我们把化石进行弱酸处理后，胚胎就完整显示出来，它保存得如此完好，我们绝不会看错。"化石中的小鱼和脐带提供了生物史上最早的体内受精的例子。这种鱼的出生方式是从尾巴先出来，和现今海洋中的鲨鱼及魟鱼等部分物种或许有些类似。科学家分析这条雌鱼和它未成功生产的后代可能是在海洋中突然遭遇缺氧而死亡的，尸体沉入海底后被泥沙掩埋，后来逐渐变成化石。

这次发现的"艾登堡鱼"全长约25厘米，它属于已经绝种的脊椎动物盾皮鱼中的一种。盾皮鱼生活在4.2亿年前到3.5亿年前的中古生代时期，又被称为水中恐龙，在湖泊和海洋中称霸将近7000万年。盾皮鱼有保护身体的骨甲，一般包裹在身体的前部。

参与研究的澳大利亚维多利亚博物馆的专家说，这是有史以来最惊人的化石发现之一，也改变了我们之前对脊椎动物演化史的了解。那么古老的年代竟然就有如此复杂的生育系统，这一发现说明在生物进化过程中卵生和胎生同时发展，而不是有先有后。

鲨鱼和人类拥有共同的祖先

　　新加坡科学家发现，大约 4.5 亿年前，鲨鱼和人类拥有共同的祖先，这也使得鲨鱼成为我们的远方亲戚。

　　研究人员称，这种亲属关系在人类 DNA 上找到了证据，至少一种鲨鱼拥有多个几乎与人类基因完全相同的基因。象鲨的基因组同人类的

← 长尾鲨

非常相似。

　　研究小组发现，象鲨和人类基因组上的多套染色体基因和真实的基因序列非常相似。研究人员不仅分析了象鲨的基因组，还分析了包括河鲀、小鸡、老鼠和狗等动物的基因。他们在人体上发现了同老鼠、狗和象鲨基因很相像的 154 个基因。科学家早已料到人类同老鼠和狗的基因相似性，因为它们都是哺乳动物。但鲨鱼属于软骨鱼纲类动物，这种鱼类似乎同哺乳动物在生理上并不存在相似之处。研究人员经过更为细致的检查，发现鲨鱼和人类确实拥有某些生理和生物化学共同点，其中也包括性。

　　研究人员说："象鲨、其他种类的鲨鱼及人类的共同特点是，受精过程均在体内完成，而硬骨鱼的受精过程则在体外进行。"象鲨和人类之间许多相似基因都涉及精子生成。象鲨和人类所产生的精子似乎在末端拥有能够与雌性卵子结合的感受器，多骨鱼则没有这样的感受器。它们的精子通过一个称为卵膜孔的小孔进入卵子，鲨鱼和人类没有卵膜孔。

　　研究人员同时发现，由于鲨鱼身上具有所有四种存在于哺乳动物身上的白细胞，二者的免疫系统非常相似。他们认为，未来有关象鲨基因组的研究，也许能揭示诸如免疫系统如何发育等涉及人类基因的信息。象鲨基因组相对而言不大，研究起来也相对容易。由于鲨鱼是现存最古老的有颚脊椎动物，针对鲨鱼的研究甚至可能揭开人类和其他哺乳动物的进化之谜。

鱼类性别改变之谜

在千奇百怪的鱼类世界里，有的可以发生性别的改变。这一奇妙特性，当属令人惊奇的现象。

红海中生活的红鲷鱼以20条左右为一群，其中，只有一条雄鱼，其余的全都是雌鱼。一旦这条雄鱼死去，便出现了奇怪的事情：在剩余的雌鱼中，身体最强壮的一尾便发生体态变化，鳍逐渐变小，体色变艳，内部器官也随之发生变化，成为彻头彻尾的雄鱼。如果这条变化而来的雄鱼再死去，在剩余的雄鱼中，另一尾最强壮的雌鱼就又要"升格"为雄鱼。更为有趣的是，红鲷鱼的这种变化，和它们的视觉有着密切的关系。只有当雌鱼看不到有雄鱼存在时，才会发生这种变化。倘若，雌鱼能够看到有雄鱼存在，上述变化就不会发生。

有些鱼类的性别变化，具有十分复杂

↑ 红鲷鱼

的情况。生活在加勒比海和美国佛罗里达海域的蓝条石斑鱼，是一种性别变化很频繁的生物。在产卵的时候，一对婚配的鱼在一天时间里，要发生 5 次性别的变化。印度洋红海珊瑚丛中，有一种白头翁鱼，每到生殖季节，原来的性别则全部进行转换。雄鱼变成雌鱼，雌鱼变成雄鱼。不过，雌鱼变成雄鱼后的 20 多天里仍然能够产卵。

　　一些物质对环境的污染，可以对动物生命的繁衍产生不良作用，也会引起鱼类性别的改变。美国科研人员发现，使用最广泛的除草剂和许多家庭使用清洁剂中的化学物质，能够通过影响脑细胞使斑马鱼发生性变态。研究成果进一步证实，污染物通过破坏一种被称为芳香酶的脑酶，把睾丸激素变成雌激素来影响性发育。在鱼脑和人脑的雌激素合成中，芳香酶是一种重要的酶，如果在生命的早期干扰它，就可能对性别发育产生影响。改变鱼脑中芳香酶的数量，同时改变了鱼脑中睾丸激素和雌激素的数量，为了获得更有说服力的证据，研究人员把未成年的斑马鱼暴露在美国河流中进行实验。他们发现在 12 种常见的污染物中，有些化合物可以增加鱼脑中的芳香脑酶的数量，也有些化合物则能够减少芳香脑酶的数量。其中有两种化学制品影响最大。一种是家庭用清洁剂中的表面活性剂壬炔基苯酚。在无差别的幼鱼正接近变成雄性或雌性鱼之前，对其使用这种表面活性剂时，芳香酶在鱼脑中的数量增加了 270 倍。而用另一种莠去津除草剂，芳香酶在鱼脑中的数量也能够增加 200 倍。

　　另外，据美国地质勘探局报道，在佛罗里达州流失到环境中的雌激素，同样导致雄性短吻鳄和鱼类产生了变化。如雄性短吻鳄的阴茎缩小，并能够产生只有雌性鱼才有的卵黄蛋白质。

　　鱼类的种种性变功能，是科学家正在探索的一个课题。经过人们的共同努力，解开其中的奥秘已经为时不远。

海洋鱼类发光之谜

海洋里的鱼类，有很多能发出亮光。一般来说，能发光的鱼类多居于深海，浅海里的鱼类能发光的比较少。

鱼类是依靠身体上的发光器官发光的。这些发光器官的构造很巧妙，有的具有透镜、反射镜和滤光镜的作用，会折射光线；有的器官内的腺细胞，会分泌出发光的物质。

还有些鱼是因为鱼体上附有共栖性的发光细菌，这些发光细菌在新陈代谢过程中会发出亮光。鱼体上发光器官的大小、数目、形状和位置，因鱼的种类而各有不同。大多数鱼类的发光器官是分布在腹部两侧，但也有生长在眼缘下方、背侧、尾部或触须末端的。

1. 有"探照灯"的鱼

一支在加勒比海从事科研工作的考察队，发现了一种极为罕见的鱼，在它的两只眼睛之间有一种能发光的特殊器官。至今，这种鱼只在1907年时在牙买加沿岸附近被捕获过，那时当地的渔民把它叫做"有探照灯的鱼"。

科学家已查明，这种奇特的鱼生活在海洋170多米的深处，它的光源是一种特殊的能发光的细菌，借助其"探照灯"，这种鱼能照亮其前方近15米远。

2. 灿烂美丽的月亮鱼

如果你有机会站在南美洲沿海岸遥望夜海，那么将会看到海面有许许多多圆圆的月亮般的鱼，这就是月亮鱼。

月亮鱼个体不太大，每条约重500克，其肉肥厚丰满，它的身体几乎呈圆形，鱼体的一边，体色银亮，并能放射出灿烂的珍珠光彩。由于它的头部隆起，眼睛很大，很像一只俯视的马头，因此也有"马头鱼"别称。

3. 迷惑对方的闪光鱼

闪光鱼只有几厘米长，它在水里发光时，你可以凭借其光亮看清手表上的时间。鱼类专家们发现，它们是用"头灯"发光的，在它们的两

← 闪光鱼

眼下有一粒发出青光的肉粒,这是闪光鱼用头探测异物、捕食食物,并与同类沟通的器官。一群闪光鱼聚在一起时,人们从老远就能看见它们。

闪光鱼主要生活在红海西部和印度尼西亚东海岸。它们白天住在礁洞深海处,晚上就沿着海床觅食嬉戏。它们头上的闪光灯平均每分钟可闪光 75 次,遇到同类时闪光频率会发生变化,受到追逐时,也有特定的闪动频率,用以迷惑对方。

4. 光怪陆离的五彩鱼光

不同的鱼会发出不同颜色的亮光,同一类的鱼也会发出不同颜色的光。生活在深海里的鱼安鱼康鱼,背鳍第一条鳍的末端有一个发光器官,能发出红、蓝、白三种颜色的光,像一盏小灯笼。它的腹部有两列发光器,上列发出红色、蓝色和紫色的光,下列发出红色和橘黄色的光。

生活在深海里的角鲨,能够发出一种灿烂的浅绿色光亮。太平洋西岸的浅海里,有一种属于蟾鱼科的集群性小鱼,它的身体两侧各生有大约 300 个发光器能发出奇异的光彩。在昂琉群岛和新加坡岛附近的海里,有一种小宝钰鱼,它的发光器官分布在消化道周围,由于鱼鳔的反射,这种鱼就像看不到钨丝的乳白电灯。

马来亚浅海有一种灯鲈鱼,能发出白中带绿的亮光,很像月光反射在波浪上;此处的另一种灯眼鱼,能发出星状的光亮,看起来好像落在水里的星星。

鱼类所发出的光是没有热量的,是冷光,也叫动物光。它们发光的目的各不相同。鱼发光是为了招引异性;松球鱼遇敌侵扰时,会发出"光幕",用来迷惑敌人,吓唬敌人,警告同类。更多鱼类的发光,是为了照明,以便在漆黑的海水深处寻觅食物。

海洋中很少见昆虫之谜

众所周知，世界上大约有 5/6 的动物是由昆虫组成。昆虫家族兴旺发达，几乎可以生长于任何地方——从南极到北极，在洞穴、湖泊、沙漠、雨林，乃至温泉和石油层中。但是非常奇怪，在海洋中却很少见到昆虫的身影。

↑ 海蜘蛛

这是为什么呢？荷兰乌特勒克大学物理学家杰勒因·范德黑吉认为，在海洋中几乎无开花植物。由于开花植物和昆虫一起进化，昆虫在缺少花的海洋环境中是无法生活的。

似乎昆虫并不完全不能在水中生活。昆虫种类的 3% ~ 5% 生活在湖泊和河流中，有些甚至已适应了盐滩中的咸度，然而几乎没有一种昆虫可以生活在浩渺的海水之中。

以前对缺少海洋昆虫所做的解释都不令人满意。有些理论认为，海浪、盐阻止了昆虫涉足于海洋；其他理论则提出食肉的鱼是一种障碍。然而，这些障碍却没有阻止其他像蜘蛛类的节足动物涉足海洋，至少有

400 种不同的海蜘蛛和许多种蟛自在地生活在海洋中。

虽然海蜘蛛和蟛也属昆虫类，在海洋中很发达，但它们已完全适应海洋中的自然环境，并不依赖于开花植物。海洋中绝大多数植物是由简单植物组成，如单细胞的绿色浮游植物以及缺少真正的叶、茎、根的海草。

开花植物在海洋中几乎绝迹，仅有大约 30 种海洋植物生长在海岸区域。开花植物仅在陆地进化而不能移居于海洋的原因，肯定与流体中微粒的运动有关。如果花粉粒浸入像水同样密度的流体中，那么，这种从水下花上脱落下的花粉则会被水流携带走。即使碰巧动物把花粉粒携带到花的枝头（雌蕊顶部，是接受花粉的地方）上，流水也会很容易把花粉冲走。但是在像空气这样的流体中，其密度是水的千分之一，枝头可不容易捕捉到花粉。这就是为什么水下花罕见的原因。

根据传统的观点，在昆虫出现后的 2.5 亿年中，昆虫类繁衍得并不兴旺，它们在砂砾中搜寻食物仅能勉强维持生存。但是在 1 亿至 1.15 亿年前，当开花植物出现时，昆虫的命运就大为改观，其数量在地球上猛增，而且嘴得以进化且形式多样，以满足吃花粉和花蜜的需要，直到最后大多数昆虫可依靠某些花生存。而不吃花的昆虫则很可能以食昆虫为生。由于开花植物不能在海洋中生息，以花粉和花蜜为食的昆虫自然不必下海而一直是"旱鸭子"。

然而，这种观点却不能使古生物学家信服。几年前，勒班代乐提出这样一种观点：早在开花植物出现前，昆虫的种类就已很多，而且已进化成专门的嘴不是吃花而是吃蕨、铁树、针叶松和其他更原始的植物。勒班代乐解释的海洋缺少昆虫的道理很简单：海洋中无树。一棵普通的树能为昆虫提供大量的栖息地:根、皮、籽、叶和起加强作用的组织。相比之下，海草仅是一些弹性的叶状组织。陆地生态系统之所以给昆虫赋予这样一种独特的栖息地，是植物结构的多样性，而海洋中这种多样性不存在。

海兽为何不患潜水病

不借助任何装置的潜水员，一般只能下潜到五六十米的深度，而且在水下逗留的时间，最多也就几十分钟。然而海兽就不同了。海兽的潜水本领比人类要高超许多。

生活在海洋中的各种海兽，因为其摄取食物不同，潜水深度是不同的。海豚以各种鱼类为食，它可下潜到 100 ~ 300 米的深度，时间可达 4 ~ 5 分钟。抹香鲸有食"深海大王"乌贼的习性，所以每当它发现爱吃的乌贼，总是穷追不舍，最深能下潜到千米水深。

潜水越深，潜水者所受的水压就越大。如果海兽下潜到千米以下的海水深处，它所承受的压力达数百个大气压。那么，海兽为什么有如此高的耐压性？海兽的身体组织究竟是如何适应水下的压力变化？这些问题是科学家多年来一直研究讨论的课题，因为这项研究有助于帮助人类潜入更深的水中。

生命离不开氧，海兽和鱼类一样，在海水中也不能离开氧气。但是，海兽和鱼不同，海兽因没有鳃，不能直接从海水中摄取氧。因此，为了潜水的需要，海兽下潜时体内必须储备所需的氧。这样，海兽的体内储氧能力要比陆生兽类大得多。科学家通过观察发现，斑海豹在潜水时，有时是呼气后潜水，有时又是吸气后潜水，这说明海豹在下潜中，肺内的储氧并不是主要的，而是通过血液来进行的。因此，海兽的血液是它的"氧气仓库"。

海兽除血液储氧外，肌肉也有较强的储氧作用。海兽肌肉中所含呼吸色素要比陆生兽类高出许多倍，储氧可占全身储气量的50%。由于海兽长时间潜水生活的需要，其身体结构已发生许多变化。例如，它们的胸部等处有许多特殊的血管网，静脉管里有许多活瓣，在短时间内积蓄大量血液。当需要潜水时，全身血管收缩，产生大量过剩血液。通过这种储存方式，减轻了心脏负担，填补了因肺气被压缩而形成的胸腔空间，提高其潜水适应性。

不仅如此，海兽既能迅速下潜，也能骤然上浮，在千米水深范围内，上上下下，而不会患潜水病。这是为什么呢？人们发现，鲸在潜水时，胸部会随外界压力的增加而收缩，肺也随之缩小，肺泡自然变厚，气体交换停止。这样氧气就不会溶解于血液中，鲸自然不会患潜水病了。人则不然，人在潜水时，仍需要不断补充空气，肺泡也不收缩，氧气必然会溶解到血液中去。

海水冷藏二氧化碳之谜

留存在深层海水中的二氧化碳可能会影响全球气候的变化。洞察海洋在过去气候变迁中扮演的角色，有助于我们预测未来气候的变化以及对其带来的冲击做万全的准备。

美国科学家在《自然》期刊上提出报告显示，他们发现了古气候的证据：当全球气温下降，可能造成高纬度的海水分层（stratification）现象，并且将二氧化碳留存在深层海水中，使得大气中的二氧化碳含量减少，增强全球冷却效应。

在大约3000万年前（第三纪中期），冰期再次出现。过去的研究指出，造成这次地表降温的因素，除了地球的轨道变化减少地表接收的太阳辐射量之外，大气中二氧化碳浓度下降可能带来加成的效果，一般认为高纬度的海洋在此时扮演着举足轻重的角色。

海洋中的浮游植物吸收溶解在水中的二氧化碳进行光合作用，借着生物呼吸作用以及当生物死亡分解后，二氧化碳会被重新释放到水层中，只有少部分的生物粪粒或残骸会沉入深海，使得二氧化碳转化为其他形式的碳留存在深海中，增加海洋的总碳量。因此，海洋生物如同泵一样，将碳从表层海水传送到深海，再借着海水的垂直混合作用，将二氧化碳

（也包含一些营养盐）往上传送并重返大气。

科学家认为海水的密度分层会阻断二氧化碳往上传送的过程；海水的分层现象主要受温度与盐度控制，低纬度的海洋因表层温暖的海水而产生分层作用，使密度随深度增加，造成海水垂直对流不明显。至于高纬度的海洋，由于表层温度低，海水对流混合，使得现今高纬度海洋成为向上输送二氧化碳的主要管道。

普林斯顿大学的 Daniel M.sigman 与同事，找到了支持在 270 万年前高纬度海水分层的证据。他们分析取自北太平洋副极区（Subarctic North Pacific Ocean）与南极海的 ODP（Ocean Drilling Program）钻井岩心，比较两处蛋白石质的微体生物化石累积量（Biogenicopal-accumulation）及沉积物的氮同位素含量变化（代表营养盐的多寡）。结合两项观测，科学家认为生物化石累积量的减少，来自营养盐的供应量下降，而营养盐则受制于海水的分层。科学家认为造成冰河时期高纬度海水分层的原因，主要受到盐度的控制：当温度逼近冰点时，海水密度受到盐度变化的影响会大于温度变化。因此，在冰河时期容易因降水、蒸发多寡及海冰的消长，导致盐度改变而造成海水分层，结果将使水层中二氧化碳无法重回大气，造成大气中的二氧化碳浓度下降。

Woods Hole 海洋研究所的 Roger Francois 表示，这个研究其实过度简化了造成全球冷却的因素。然而它的确提供了一个简单的机制，并贴切地说明了过去的一段气候变迁。哲学家齐克果说："表象如浮标，本质如鱼钩。"我们期待科学家在复杂的古气候研究中，洞察海洋在过去气候变迁扮演的角色，这将有助于预测未来气候的变化，好让我们为气候变化可能带来的冲击做万全的准备。

"冰下湖"的生命之谜

探索外星生命一直是宇宙探索中的一个热门话题，水是生命之源，如果在外星球上能发现水，尤其是液态的水，无疑是寻找外星生命过程中的重大突破。而最近关于冰下河的系列发现则给外星生命的探索增加了新的线索。

按照我们通常的经验，冰川是连绵不断的固体，因为寒冷的气候足可以把一切液态的水冻成冰。其实，一般的湖泊在冬天结冰时也不是坚冰一块，在厚厚的冰层下也是有液态水的。冻在上面的冰倒成了下面水的保温盖。最近，科学家在不同的星球上接连发现了隐藏在冰川之下的湖泊，这些湖泊被称为"冰下湖"。

在木星卫星欧罗巴的北极，覆盖着厚厚的冰川。根据最新的空间探测数据，在冰面之下 19 千米的地方，有一大片冰下湖。天文学家早就通过天文望远镜发现火星的极地可能存在冰盖，在火星上的奥德赛飞船用中子和伽马射线探测器观测到，在火星极地的确有相当数量的冰和水存在。但是飞船又探测不到明显的冰川，科学家认为这些水隐藏在地下，是以液态水和冰的形式混合存在的，很可能存在数量巨大的冰下湖。这个发现不但可以预测到火星生命的存在，而且对将来的火星探险者是大

↑ 冰下湖

有帮助的，有了水，探险就变得容易多了。

为什么在外星球上发现了液态水是探索外星生命的重要事件呢？科学家在地球南极的研究能很好地说明了这个问题。科学家在南极的巨大冰川下发现了许多湖泊，其中最大的湖泊叫沃斯托克，它处在冰面下3千米的地方，水域面积约1.9万平方千米，有北美洲安大略湖那么大。研究人员通过钻孔的方法去提取冰下湖中的水样，当然，这些水样在提取上来时已经被冻成冰了。

那么，科学家怎么确定它们曾经是液态水呢？科学家们通过探测水样中的放射性元素氦-4的含量来确定水样是来自冰川中的冰还是冰下湖中的水。研究表明，这些冰下水的形成是由于湖的底部存在大量的温泉。科学家在从冰下湖沃斯托克中提取的水样里发现了细菌，这说明了冰下湖中有生命存在。这些细菌是噬热细菌，我们在普通的温泉里就可以找到类似的嗜热细菌，这就验证了关于冰下湖底有温泉的说法。

如果外星上真的存在冰下湖，而南极的冰下湖中有生命存在，那么外星的冰下湖中也可能有生命存在，尽管这些生物是一种很低级的生命形式，但是它们在合适的外部条件下完全可能进化成高级生命，地球上的高级生命就是由低级生命一步一步进化来的。

Part3

海洋怪物之谜

鱼孩之谜

　　传说 20 世纪 60 年代的一天，一艘运送核导弹回国的苏联货轮沉到了海底，苏联政府决心不惜任何代价也要把它打捞上来，于是派了几艘潜艇来到附近海域，用雷达、水下声呐仪进行"地毯"式搜索。

　　一天晚上，正当潜艇在工作时，雷达前面屏幕上突然现出一条奇怪的鱼的影子。这条鱼浑身长满了鳞，也有鳃，却长着一张娃娃脸，有一双灵活的小手，等到科学家们想抓它时，它却很快消失了，不管雷达怎么搜索都找不着。

　　有一位博士认为鱼孩还会游回来，就让船员准备好，等它再次出现时就把它抓住，因为它对研究海底世界太有意义了。

　　于是他们就撑起一张大网，放上诱人的鱼食，等待鱼孩的出现。

　　过了一会儿，有一个黑影慢慢地向轮船靠近。船员通过雷达发现就是刚才那条鱼，也许鱼食的味道太好，鱼孩毫不犹豫地朝它游去，终于落入已经布置好的大网中。

　　鱼孩这才知道上了当，伤心地发出阵阵哀叫，两只小手不停地拍打着渔网，苦苦哀求船员们放它回去。

　　科学家向他问了几个问题，令人吃惊的是他竟做了一个出乎意料的回答。他告诉船员，自己来自深海中的亚特兰蒂斯城，可是那个城在几百万年前就沉到海底下了。

鱼孩告诉科学家，他们现在已经发展到相当高的文明，可以模仿地球上人类的一切活动，可以说人类的语言，甚至还派了许多人到陆地上去监视人类的行踪。

船员们很快把这件事情告诉了苏联政府，政府命令迅速把鱼孩送到国内，并把消息严加封锁。

但是自从鱼孩被送到苏联国内的实验室以后，无论用什么方法也很难使他再开口说话。苏联也曾经多次秘密派遣潜艇到世界各地去寻找鱼孩所说的亚特兰蒂斯市，但都一无所获，最终这个项目也因为苏联的解体而搁浅。

海底究竟有没有人类生存，这问题一直就在科学界中存在很大的争论。许多科学家认为人类在进化的过程中，一支来到地球上，即为地球人，而另一支进入水下发展，成为"水怪"，也在历史中被人们发现多次。

这次苏联发现的人鱼娃娃似乎充分地说明在某个大洋深处确实生存着另一个人类，而且其发达程度远远高于地球人。

但是人们除了抓到一条人鱼娃娃外，其余一无所获，难道只是凭借一条人鱼娃娃就可以肯定水中人类的存在吗？证据的说服力似乎有一点弱，人们期待着海洋探险新的发展，去澄清更多的疑问。

神秘的太平洋怪兽

1977 年 4 月 25 日，日本大洋渔业公司的一艘远洋拖网船"瑞弹丸同"号，在新西兰克拉斯特彻奇市以东 50 多千米的海面上捕鱼。当船员们把沉到海下 300 米处的网拉上来时，一只意想不到的庞然大物和网一起被拉了上来。网里是一具从来没有见过的怪兽的尸体。一股强烈的腐臭从尸体中散发了出来，尸体上的脂肪和一小部分肌肉拉着长长的粘丝掉在甲板上。船内一片骚动，现在人们看清楚了：这是一个类似爬虫类动物的尸体。尽管已经开始腐烂，但整个躯体却保存得很完整，可以清楚地看到它有一个长长的脖子，小小的脑袋，很大很大的肚子（腹部已空，五脏俱无），而且长着 4 个很大的鳍。用卷尺测定的结果表明，怪兽身长大约 10 米，颈长 1.5 米，尾部长 2 米，重量约 2 吨，估计已死去一个月（事后经研究分析，认为已死半年到 1 年之久）。它既不是鱼类，也不像是海龟，在海上捕鱼多年的船员谁也不认识它。

闻讯赶来的船长担心自己船舱里的鱼受到损失，命令船员们立即把它丢到海里去。幸好，随船的有位矢野道彦先生，觉得这个发现不寻常，在怪兽抛下大海之前，拍摄了几张照片，并做了相关记录。

消息传到日本，顿时轰动全国，尤其是动物学家、古生物学家们，他们看了照片，进行了分析，认为："这不像是鱼类，一定是非常珍贵的动物。""非常惊人呀！这是不次于发现矛尾鱼那样的世纪性的大发现。""本世纪最大的发现——活着的蛇颈龙"……消息也立刻传遍了全世界，各国报刊都很快转载了照片，发了消息。这件事引起各国著名生物学家极大的兴趣和关注。

↑ 太平洋怪兽

把怪兽尸体又抛回大海这件事，引发了人们深深的遗憾和强烈的谴责。尤其是日本的一些生物学家，气愤地指责船长"无知、愚蠢"。尽管大洋渔业公司立刻命令在新西兰海域的所有渔船，奔赴现场，重新捕捞怪兽尸体，甚至包括苏联和美国在内的一些国家的船只，也闻讯赶往现场进行捕捞，但由于消息发表之日（7月20日）与丢弃怪物之日已相隔3个月，虽然他们想尽了各种办法寻找它，然而在茫茫的大海里，谁也没能再把它打捞上来。

值得庆幸的是，这次发现总算给生物学家们保留下了3件证据：一是怪兽的4张彩色照片，二是四五十根怪兽的鳍须（鳍端部像纤维一样的须条），三是矢野道彦先生在现场画的怪兽骨骼草图。

（1）照片：是从三个不同角度拍摄的。有两张是刚把渔网拖上甲板时拍摄的，网里是那只全身由白色的脂肪层包裹着的怪兽；另两张是在怪兽由起重机吊起时拍的，其中一张是从怪兽侧面拍的，另一张是从怪兽背面拍的。可以清楚地看到，怪兽有一个硕大的脊背，对称地长着4个大鳍，照片中还可看到它腹内已空，整个身躯肌肉完整，只是头部露出白骨，怪兽白色的脂肪下面有着赤红的肌肉。从个头儿大小来看，海洋里只有鲸鱼、巨鲨、大乌贼可以与它相比。但从照片来看，它的头部甚小，与现存的所有鲸鱼类的头骨皆然不同，而且颈部奇长，特别是有4个对称的大鳍，这就没有其他海洋动物或鱼类可以与它相提并论了。

（2）鳍须：这是唯一留下的贵重物证。它是怪兽鳍端的须状角质物。长23.8厘米，粗0.2厘米，呈米黄色的透明胶状，尖端分成更细的3股，很像人参的根须。

（3）骨骼草图：草图左上方写着："10时40分吊起，尼西（即尼斯湖里的怪兽）拍了照片。"这是矢野先生当时的记录，他根据现场的观测和大致的测量，画下了这幅草图。怪兽骨骼长1000厘米，头和颈部长约200厘米，其中头部45厘米，颈的骨骼粗20厘米，尾部长200厘米，根部粗12厘米，尾端部粗3厘米，身体部分长约605厘米。据他说，骨骼属软骨。

虽然上述这些记录和证据是非常宝贵的，而且成为科学家们研究、鉴定、探讨的依据，但是要依靠它们来确定怪兽究竟属于哪一种动物，还缺少根本性的依据。因为没有实物，无法与已知的各种动物和古生物的化石骨骼作比较，也就无法对比鉴定。

它到底是什么？科学家们至今对此还是争论不休，众说纷纭。从1977年报道这一消息后，这场争论大体上经历了这样一个过程：蛇颈龙说——鲨鱼说——爬虫类动物说——不认识的动物说。

神秘莫测的海蛇

　　自从生物学家林奈 1758 年发明了生物分类的双名命名法以来，几乎所有的动植物都包括在命名法的门、纲、目、科、属、种的 6 个等级里。但是在自然界里，仍然有我们没有发现或者不认识的动物。尤其是浩瀚的大海，更是神秘莫测。很早以来，人们就传说大海里有神秘的怪兽：有的说是像蛇一样的巨大海兽，有的说像个大爬虫，还有的说是有点像人的恐龙鱼。这是耸人听闻的小道消息吗？

　　最早知道海兽的是以前在北欧海面上行凶打劫、称王称霸的海盗船。他们在船头上装饰了海兽的头像，用以避邪并威吓人们，这使海兽带上了神秘的色彩。

　　早在公元前 4 世纪，古希腊哲学家亚里士多德就在自己的著作中写道："沿着海岸航行的海员们说，他们看见了许多牛的骨头，它们是被海蛇吃掉的。因为他们的船继续航行，遭到了海蛇的攻击，"后世的许多著作中都记录着类似的情节。

　　1734 年，一个叫汉斯·艾凯德的船员，在他们的航船从挪威到格陵兰去的海面上，近距离目击了一个怪兽：头尖尖的，长脖子，身体像大木桶那样粗，弯弯曲曲的像蛇一样……他随即画出了一张这个怪兽的草图。这张图一发表，就轰动一时，人们给这个怪兽起了个名字，叫"Sea Serpent"，意思是"海蛇"。这可以说是最早关于怪兽存在的一个证据了。

之后，发现怪兽的事越来越多。在世界许多国家舰船的航海日志上，都有着发现怪兽的记录。这些航海日志，连同船长、舰长向本国政府所写的发现怪兽的书面报告和草图等，至今已有上千件了。而相信海洋里有怪兽的人，多是各国的船员，他们不少人都亲眼看到过。他们把怪兽叫做"海蛇"或"海龙"，并把发现经过记录到了航海日志的档案里。

1848年的一天，英国军舰"德塔鲁斯"号航行在离南非最南端大约500千米的海面上时，发现一只惊人的怪兽，它抬起近2米长的颈和头，游了过去。舰长用望远镜仔细观察了怪兽的形状，这是常年航行在海上的"德塔鲁斯"号的船员们从来没有见过的一种怪兽。

舰长把这一天的事件详细地记入了航海日志，并在回到英国后，向英国海军军部作了报告。根据报告中所载的目击者的推断，海兽大约有18米长。

1904年，德国军舰"德西"号停靠在阿龙湾，在离船300米的地方，发现了一只怪兽。舰长写在航海日志上的话是："我们看到了怪兽，身长约30米，皮肤呈黑色，身上长满了疙瘩，头部像海龙的头，不久就消失了。除了我以外，还有很多军官和水兵都看到了。"

1905年，人们得到了一个比较可靠的观测记录，因为当时有两个英国动物学家协会的成员在巴西海岸亲眼目睹了海蛇。他们是梅河德·瓦尔多和米切尔·尼柯尔。瓦尔多后来写道："我看到了一个很大的鳍，或者是脊背，钻出了水面。它是深褐色的，身上有皱皮。它大约长 1.8 米，露出水面半米左右，我能看到水下的褶皱身体。接着，一个大脑袋和脖子伸出了水面，脖子有人身体那么粗，脑袋呈龟状，有眼睛。它以一种独特的方式从一方向另一方移动。它的头和颈是深棕色的……在 14 个小时内，除我们两位动物学家外，船上的其他人也都看到了那个'海蛇'。它虽然静静地游着，但它的游水速度至少在每小时 16 千米以上。"

海蛇有着突出的特征：它是一种长蛇形动物，有一系列的峰起隆肉，头部像马；其颜色上部较深，下部较浅；移动时起伏波动；在夏季出现……它是无害的，从未对人发起攻击。

1934 年，在加勒比海大西洋航线上航行的豪华客船"毛里塔尼亚"号的船员们也曾几次发现过海蛇。

根据记录，在北大西洋、非洲南部海域、巴西海面、加勒比海、日本近海、中国南部的北部湾、印尼海域、俄罗斯海域和新西兰附近的南太平洋里，来往的渔船和客船都曾有过类似的记录，都曾发现过怪兽的踪影。船长的报告也好，船员的说法也好，怪兽的形状不外乎两种，有的说像个大海蛇，有的说像蛇颈龙……但是，由于只是少数人看到，而且从来没有捉到一只活的怪兽，所以习惯于传统观念的人们总是不相信有什么怪兽存在。

海底怪兽成为了人们值得探索的乐趣和谜团，有待更多的科学知识来揭示它。

巨鳗之谜

鳗鱼的形状和蛇差不多，相信大家对它都不会陌生。在已知的鳗鱼种类中，最长的接近 5 米，它产下的幼子大概有 7 厘米～12 厘米。如果说有十几米甚至几十米的大鳗鱼，你一定会非常惊奇，难以相信这是事实，可就是有人发现了这样巨大的鳗鱼。

最早发现巨鳗是在 1848 年。当时，有一艘名叫"德达拉斯号"的英国巡洋舰航行在离南非好望角不远的海面上。突然，船上的士兵发现一条硕大无比的大鱼，仅露出水面的部分就有 18 米长。这件事惊动了船上所有的人，都跑出来观看。舰长也跑上甲板，用望远镜观察了 20 多分钟之后，那个怪物才消失。据目击者说，它的形状跟鳗鱼没有什么区别。

也是在同一年，美国的一艘名叫"达纳谱号"的帆船在同一海域又发现了这个庞然大物。这次的发现，要比上一次清楚得多，因为他们距离那个怪物只有 50 米。那个怪物的头伸出水面，两只眼睛闪闪发光，能见到的身长有 30 多米，还不是全部。船长面对这个怪物也不免有些紧张，怕受到袭击，命令炮手向它开火。炮声刚一响，那个怪物就迅速钻入水中不见了。

后来，又有一艘名叫"丹纳号"的海洋研究船在南非的海岸以外航行。船上的一位丹麦籍青年从海里捞出一网鱼虾，网里有条像蛇一样的东西引起了海洋科学家们的注意，他们根据它的特征和头骨的构造，认定这是一条鳗鱼的幼体，身长 1.8 米。一般来讲，普通鳗鱼的脊椎骨只有 104 节，海鳗为 150 节，而这条奇特的幼鳗的脊椎骨竟有 405 节之多。根据这条鳗鱼的特点来推算，它长成之后，可能长达 55 米左右。由此可见，它一定是巨鳗的幼子。

但是直到现在，也没有谁能够真正地捕获一只巨鳗来进行研究，一切还都是猜测。这一奥秘还藏在汪洋大海里，有待人们去考察、去研究。

未知的神秘海怪

相比湖怪，也许海怪更神秘一些。因为不管怎么样，湖里的水可以抽干，海里的水恐怕就不容易了。下面谈的便是形形色色的海妖：

布赖恩·牛顿在《怪物与人》一书中，对德国潜艇 U28 在 1915 年用鱼雷击沉英国汽船"伊比利亚"号进行了生动的描述。当"伊比利亚"下沉时，它在水中发生了巨大的爆炸。德国潜艇指挥官乔治·巩特尔·费黑尔·冯·福斯特纳和他的艇员惊异地看到，一个巨大的海怪被这爆炸抛向空中。这些德国的目击者说，它至少有 18 米长，而且看上去像一条巨大的鳄鱼，但它却长有 4 只带蹼的脚和一条尖尖的尾巴。

亚里士多德（公元前 384—公元前 322 年）在《动物历史》一书中写道："在利比亚，蛇都非常大。经过海岸的水手们说他们看到许多牲口的骨头，在他们看来，这些牲口是被蛇吃掉的。而且，在他们继续航行时，那些蛇过来攻击他们，它们爬上一条三层船，并将它倾覆。"李维（公元前 59 年—公元 17 年）记述了一个巨大的海怪，它甚至扰乱了布匿战争期间无所畏惧的罗马军团。最后，它被罗马军团的重型弩炮和投石器摧毁，这些弩炮和投石器被正式保留下来，用以征服围绕城市的筑垒。

《自然历史》的作者普林尼（公元 23—79 年）曾提到，有一支希腊部队按马其顿国王亚历山大的命令在进行探险，他们在波斯湾受到了许多有 9 米长的海蛇的攻击。

尽管这些海蛇状的怪物可能会是形状巨大的、速度很快地和强壮的怪物，但是与一位澳大利亚潜水员从南太平洋所报告的"怪物"相比，它们都显得无足轻重。那是 1953 年，这位澳大利亚潜水员使用当时最新型的设备，正进行一项破纪录的潜水。有一条 4.5 米长的鲨鱼尾随着这位潜水员，当这条鲨鱼盘旋地向下游到他的上方时，它似乎很好奇，并没有攻击的意思。潜水员来到一处暗礁并停了下来。在暗礁下方有一巨大的深沟。这条深沟似乎是向下永远地通向未知的黑暗世界。他不打算再往下走了，只是站在暗礁上四处观察。鲨鱼距离他有 9 米，相对高出他 6 米。

突然，海水变冷了。"怪物"从暗礁下面那巨大的黑洞中冒了出来。他形容说，它是一个平平的、褐色的东西，有一个球场那么大，深褐色，而且很慢地收缩。它从他和暗礁边漂浮上去，此时他一丝不动地站在那里。那条鲨鱼也没有动，或许是因为那东西从深洞中带出的寒冷，或许是因为极度恐惧（如果鲨鱼的大脑能够体验到这种心情的话）。这位吓坏了的潜水员看到，那张活生生的大被单一样的东西抓住了鲨鱼，这条鲨鱼无助地挣扎着，然后随着那怪物沉了下去。潜水员继续看着直到它消失在黑暗之中。渐渐地，水温又恢复了，他也谢天谢地安全地返回到了水面。

那么，海怪会是什么样的呢？有没有一种全都包容的理论呢？或者，也许我们正在寻找几种适合不同目击情况的特定假设？这第一个和最可信的解释就是，我们正在注意到来自较早时代所幸存下的动物，或者我们正在注意到那些幸存下来的动物们的变异后代，它们沿着不同的演变过程进化而来。这个世界很大，湖泊和大洋很深，足以容纳下大量人类未曾见过的巨大的和神秘的怪物。未知领域还有很多，我们对大洋深处的了解不及我们对火星表面的了解。

更随意的推断也许会得出这样的可能性，即海怪不仅对我们这些陆地人是陌生的，而且对这个地球也是陌生的。体积这么大的东西需要更大的飞船，要比人类登月的飞船还要大。当然，体积的大小不会成为星际旅行的最终障碍。许多古代的人们都拜奉水神，以至于好思索的人文历史学家有时会怀疑，是否那些鬼怪似的半水生动物来自"其他的地方"，也许在海洋最深的隐蔽之处留下了他们的战马、宠物或他们的后代。

正如挪威卑尔根市的主教埃里克·庞托比丹 1755 年在他的《挪威自然历史》一书中写道的："假设有这种可能，即海洋的水能被排出，而且会被某种特大事故排空，那么，令人难以置信的无数的和各种非同寻常而又令人惊讶的海怪就可能展现在我们的眼前，这些都是我们完全未知的事物！人们为海洋动物的存在而争吵，认为它们的存在是虚构的，而眼前的这番景观马上就会确定关于海洋动物的许多假设的真实性。"

Part 4

海洋生物之谜

南极海域发现多种新生物

一支由 23 个国家的科学家组成的科考团，2008 年 2～3 月在南极罗斯海水域进行了为期 50 天的海洋科考活动，他们惊奇地发现了许多新的巨型海洋生物，其中有最令人吃惊的巨型水母和巨型海星。

此次调查活动是国际极地年计划的一部分。科学家对罗斯海 3218 千米范围内的水域进行了细致而全面的调查，截止到 3 月 20 日，科学家发现了 3 万多个物种样本，他们认为其中大约有数百种可能是新物种。

1. 巨型水螅虫

这种巨型水螅虫可能是一种新物种，它的"头"有 6.5 厘米大，身子长 100 多厘米。这种多彩的动物酷似珊瑚虫，是新西兰科学家在南极罗斯海水域 39 处调查点中的一处水域普查时发现的。

2. 神秘生物背上有一片小甲壳

背上有一片小甲壳的神秘生物出没于南极罗斯海水域水下 2200 米的深海里。这种 50 厘米长的生物疑似海鞘。

3. 巨型海蜘蛛

从南极罗斯海水域捕获的长 25 厘米的巨型海蜘蛛，是科考团 2008 年 2 ～ 3 月在南极罗斯海水域普查时发现的 3 万多个物种样本中的一个。此海蜘蛛以水螅虫和苔藓虫为食，体型较大，像珊瑚虫，在南极水域发现的这些巨型海蜘蛛比地球其他地方的更大更普遍。新西兰国家水与大气研究所的海洋科学家罗伯逊说，温度寒冷、捕食者少、海水含氧浓度高和长寿都是这些物种体积庞大的原因。

4. 南极章鱼

南极章鱼是在南极罗斯海水域水下 1000 米深处被发现的，是 2008 年初科学家们在南极罗斯海水域普查中发现的大约 18 种章鱼中的一种。新西兰科学家估计他们这次海洋普查总共收集到了 88 种鱼类，其中有 8 种是新品种。

↑ 南极章鱼

5. 食星者

这种掠食性鱼叫"食星者"，利用其发光的红色下巴附件引诱猎物进入其攻击范围之内。

6.南极海鳗

这种长 50 厘米的南极海鳗具有运动型的、彩虹般身体和蓝宝石一般的蓝色眼睛。作为掠食性鱼"食星者"的邻居,这种海鳗是新西兰科学家捕获到的最南端的海鳗。此动物用它的长嘴和向前弯曲的牙齿来咬住猎物不动,咬破猎物体肤并对它们实施脊椎麻醉,最终使猎物瘫痪以供自己享用。

7.南极海参

新西兰国家水与大气研究所的科学家赛迪·米尔斯捧着的这种海参是已知的"海猪",是米尔斯及其同事捕获到的。海参是海底动物群落中的一种。其他的还包括有海鞘、海星、海蛤蝓、珊瑚虫、蛤、海绵和海胆。

豹蟾鱼发声之谜

在美国音乐剧《西区故事》中，托尼用情歌向玛丽亚表达爱意。事实上，他们在家中饲养的豹蟾鱼也会用歌声吸引异性。当然，说它们唱歌未免有点夸张，其实更像哼曲子。但是，这对科学家和豹蟾鱼来说都非常有用处。

探索它们发出声音的奥秘有助于科学家研究包括人类在内的其他动物最早的发声进化情况。研究人员发现，许多动物用声音交流，例如鸟

↑ 豹蟾鱼

的喳喳声、青蛙的低哼声和鲸的口哨声等。通过比较各种各样脊椎动物的神经网络，他们发现发声起源于远古鱼类。

此项研究的负责人、康奈尔大学的巴斯是神经生物学和行为学教授，他说："鲸和海豚的声音众所周知，但许多人并不知道鱼也能发声。""并不是说鱼能讲一种语言，或是有更发达的大脑。但是，它们脑中的一些神经网络和神经细胞都很古老。"

他指出，致使发声的整个神经系统起源于亿万年前的鱼类。巴斯研究了豹蟾鱼幼虫的后脑，结果发现它们成长时制造了多种声音。他说："它并不像你从哺乳动物和鸟那里听到的声音那样复杂，只是一种最简单的交流声音，但是产生声音的神经系统却是鱼中最容易进行研究的。"巴斯的研究小组发现了两种主要声音，一种是哼曲声，雄性用它吸引异性来到它们的巢穴。他说，这种声音就像蜜蜂的嗡嗡声或发动机发出的声音。第二种是带有威胁性的声音，更像是为了保护巢穴领地所发出的咆哮声。

一些科学家认为，由于探索了最古老的发声起源和最现代的进化情况，所以这个有关发声进化的研究很有意义。

海马 "私生活" 之谜

海马的名字源于它酷似马的头部。有趣的是，它们同传说中的中国龙十分相像，不过它确实属于鱼类。它的背鳍长在身体下部，胸鳍位于鳃旁边的头部，同鲑鱼、金枪鱼一样，属于鱼类中 "硬骨鱼" 一族。

海马生活在从澳大利亚到加勒比海的沿海地区，尤其喜欢待在海草铺成的 "绿床" 和珊瑚礁中，因为它们能使海马轻松藏匿在植被之中不被捕食者发觉。尽管没有牙齿，没

↑ 海马

有胃，海马却是一种贪婪的食肉动物。它们会先将猎物吸入口中，然后整个送入到效率低下的消化系统中。海马在搜寻猎物时，两只眼睛可以独立活动，互不干扰。因鳍不发达，它们的游泳能力实在不敢恭维。

迄今已确认的海马有 33 种。海马体长不等，最长的 35 厘米，最短的 16 厘米，它可以根据所处环境，随意改变身上颜色。尽管海马贸易属于非法，但每年仍有约 2000 万海马遭到捕捞，被晒干并当作传统中药出售。而人工繁殖的海马生存能力强于生活于浩瀚大海中的野生海马。

海马是海洋中最优雅、最令人好奇的动物之一，它们似乎长年累月恪守一夫一妻制的生活方式，打破了生物学的"金科玉律"——由雄性而非雌性承担起怀孕并生产幼仔的重任。不过多年来，雄性海马如何交配、产子一直是科学家心头的难解之谜。

据英国《独立报》报道，科学家最近终于解开了这一谜底。雄性海马育儿囊的作用同雌性哺乳动物的子宫功能很相似。受精卵紧紧贴在父亲育儿囊的薄壁上，沐浴在为它们的成长带来营养和氧气的液体之中。事实上，最后是雄性海马受孕，产下后代，这也是动物王国中唯一由雄性产子的特殊例子。科学家多年前就清楚，在同雄性海马亲密接触时，雌性海马会将卵子直接排到雄性的"育儿囊"中。另外科学家还推测，雄性海马可能也会把自己的精子直接排到育儿囊中，以确保自己不带"绿帽子"，避免替别的海马养育子女还蒙在鼓里。不过这一点从未得到科学证实。

然而，英国伦敦动物学研究所的范鲁克博士和同事在对普通雄性海马或黄色雄性海马进行解剖研究之后，发现事实并非如此。雄性海马的精子会排入身边的海水，这种繁殖方式同大多数鱼类相同。范鲁克说："我们发现，雄性海马的输精管其实是通向外边的，这意味着精子在进入育儿囊之前，必须要经过海水。也就是说，海水直接同精子发生接触，而育儿囊在敞开让精子进入时，必定会同海水直接接触。海水中存在的环境污染物因此会同精子和卵子发生直接接触，这就意味着它们更容易受到环境污染物的危害。"

此外，科学家还发现，海马可生成两种截然不同的精子，一类具有伸长的小头，另一类具有更大的头。这项研究表明，雄性海马的两类精子确实不参与卵子受精过程，但它们是此前繁殖方法的残留物。在这种繁殖方法中，雄性海马在海水中使卵子受精，然后再让它们进入自己的育儿囊。

一些生物学家曾经提出，海马栖息地的环境可能有其独到之处，有益于让雄性从一夫一妻制生活方式和孵卵中受益。海马的游动能力不强，通常会用可盘卷的尾巴紧紧握在海藻上，一旦雄性海马发现雌性海马，它便会死死拽住后者不放，至死不渝，专注于孵卵这种一妻一夫制的生活方式。

然而，科学家最近惊奇地发现，实际上海马并不忠贞，它们似乎做得最多的事情就是调情，甚至有同性恋行为。据《每日邮报》1月31日报道，科学家花费了一个月对这种生物的性习惯进行研究，结果发现它们的乱交水平简直令人咋舌，这些貌似忠贞的海马其实不仅只跟异性交配。据多塞特魏茂斯的海洋生物公园海马饲养中心的报道，他们在研究中记录的3168次海马性交，有37%是发生在同性间的暧昧关系。其中雄性海马和雌性海马（包括相同一对海马）接触的次数不超过1986次。每天每只海马都会显示出求爱迹象，并且出现的调情次数大约是25次。这些迹象包括颜色改变、尾部打结和同步游泳。

研究人员对3个不同品种的海马进行研究，结果发现只有英国多刺的海马保持对它们的伴侣忠贞。澳大利亚大腹海马是最不忠贞的，加勒比海瘦海马的性行为也相当混杂。海洋生物中心的海洋馆馆长保罗说："对我们每个人来说，这项调查结果都是一个令人吃惊的新发现。它揭露了传说中海马的一夫一妻制只是无稽之谈，它们其实是一种不加选择的动物。"

船蛆毁船之谜

1. 神奇的肇事者

2000 年夏天，美国缅因州立大学的海洋生物学家凯文·J.依可巴格接到报告说，缅因州的几个码头出现莫名其妙的坍塌。那些支撑码头的橡木桩有 900 多厘米长、25 厘米粗，可它们中的一些却断裂了。类似的事情以前也出现过，1997 年，纽约西南布鲁克林码头的一个墩位突然坍塌，6 个人掉进了水里。

为了弄清坍塌的原因，依可巴格来到码头。调查表明，事故的肇事者是一种微小的海洋软体动物，名为船蛆，它们生活在温暖的海水里，以蚕食木材为生。坍塌是由于那些木桩中间

↑ 船蛆

被一种原产自新英格兰的船蛆吃空了的缘故。这种船蛆很普遍，在拉丁语中，它的意思是"凿船者"。

船蛆青睐木材，遇难的木船、码头上的木桩、漂浮的木材是它们理想的居所。看上去，船蛆很像一种蠕虫，然而实际上，它们是一种蛤，头上有细细的壳，利用这种壳，它们能够钻进木材里，进食，长大。由于木材的种类不同，船蛆的个头差异很大，个头小的只有 2 ～ 3 厘米长，而大的则可以长到 1 米。一旦整块木材或者说整条船和整根木桩被它们占领，便成了它们舒适的家和甜美的蛋糕，吃住的问题都一块儿解决了。而木材则变得千疮百孔，一碰便碎了。今天，尽管人类海运的历史已经进入到了高科技时代，但船蛆依然在肆虐。由于这种小动物有惊人的好胃口，全世界每年花在维修木船和木制海洋设施上的费用高达 10 亿美元。尤其是发展中国家，那里的渔民还在大量使用木制渔船，他们的防护办法传统而简单，一般是在船上涂上一层廉价的涂层，但在船蛆的进攻下，这种办法往往收效甚微。

2. 它们改变了历史

公元前 350 年，古希腊哲学家描述了船蛆，他们称船蛆是可恨的动物，不好对付的麻烦。这是船蛆第一次进入到人类历史的记载中，从此以后，它们便和人类的历史相生相伴，从来没有让我们消停过。历史学家说，为了对付船蛆，古代希腊和罗马人都使用过铅、沥青和焦油，他们把这些东西涂在船体上以抵制船蛆的蚕食。而在 3000 多年前，腓尼基人和埃及人使用的则是沥青和蜡。

1502 年，哥伦布开始了第四次航海，在那次航海的途中，由于船蛆的破坏，他的船队受到严重损坏，哥伦布不得不下令将船队停在了加勒比海。1588 年，船蛆又帮了英国海军的大忙，它们使英国人击败了不可一世的无敌舰队。

在 16 世纪和 17 世纪的 200 多年里，水手们想尽办法对付船蛆，他们把各种各样的东西覆盖在船体上，包括焦油、沥青、牛皮、毛发、骨粉、胶水、苔藓和木炭等。他们还将船只放到淡水和冰水中浸泡，或者用火烧烤船只的木材表层，这两种办法的确有效，淡水和寒冷可以杀灭船蛆，但需要较长的时间，火也能烧死它们，但同时也常常烧坏了船体。

18 世纪，英国海军找到了一个可靠的办法对付船蛆，他们将所有舰船的底部都包上了铜板，这是当时最有效的方法，但昂贵的费用则是可想而知的。直到 19 世纪，人们开始用铜合金代替铜板，昂贵的费用才在一定程度上降了下来。

今天，人们普遍采用化学方法对付船蛆，他们使用高压将化学制剂注入到木材里，在海水中，这些化学物质会慢慢释放出来，它们不仅可以杀死船蛆，也可以防范其他对木材有害的动物。在美国，现在使用广泛的有两种制剂，人们统称为 CCA，其主要成分是木焦油、铬酸盐和砷酸铜，CCA 的确保护了木材，但同时也污染了海洋环境。

3. 找到了一种酶

海洋生物学家丹尼尔·迪斯托尔发现了船蛆的一个秘密，这个秘密可以解释船蛆为什么如此青睐木材。在船蛆的鳃中，这位科学家发现了一种奇特的细菌，它们分泌出一种酶，正是这种酶使船蛆拥有了生存在木材中的高超本领，因为它们可以消化木材。在其他海洋动物中，这可是绝无仅有的。

木材的主要成分是纤维素，它是一种糖分子聚合体，隐含着丰富的营养物质，不过绝大多数动物并不能消化木材，因为它们的身体中缺乏一种物质：纤维素酶。只有这种酶可以打开紧锁在一起的糖分子，这是动物们享受木材中营养物质的基本条件。由于船蛆身上的那种细菌分泌纤维素酶，因此它们有消化木材的超凡本领，木材对它们便无异于美味的蛋糕了。

在船蛆身上找到纤维素酶是一个意义重大的发现，科学家们据此可以找到一种控制船蛆的有效方法，同时又不污染环境。迪斯托尔和他的同事们正在寻找一种方法破坏船蛆和那种细菌的共生关系。假若做到了这一点，船蛆便失去了纤维素酶，它们就再也无法依靠木材生存，人们也就用不着再使用污染环境的化学方法了。

四足动物源于总鳍鱼吗

生命起源于海洋并且在那里得到了发展，这早已是被公认的事实。但是，生物界只有摆脱了水的束缚，才能为其大发展和进化开辟更为广阔的天地。因此，用四条腿走路的动物的起源问题长期以来就为科学家们所关注，而且争论不休。

在20世纪40年代，根据对一种总鳍鱼类化石吻部构造的详细研究，人们似乎认为四足动物源于总鳍鱼类已是毫无疑问的了，而且成了现今教科书广泛采用的观点。

最初，人们认为，如果总鳍鱼类是四足动物祖先的话，那么在它的嘴里就应该有与外鼻孔相通的内鼻孔，这才能进行呼吸。瑞典著名古生物学家雅尔维克教授用连续磨片的方法，对属于总鳍鱼类的真掌鳍鱼化石吻部作了非常详细的研究后，认为它有内鼻孔。于是他认为至少在总鳍鱼类这个大家族中，有一支具有用来进行呼吸的内鼻孔，即包括真掌鳍鱼在内的扇鳍鱼类，这已是无可置疑的了。

在我国云南东部距今4亿年前所形成的岩层中，发现了总鳍鱼类化石。为了纪念我国古脊椎动物的奠基者杨钟健教授，给它起了名字叫杨氏鱼，它与扇鳍类有很多非常相同的地方。按传统的看法，它应该具有内鼻孔。我国著名古鱼类学家张弥曼教授，采用连续切片的方法，对杨氏鱼的吻部进行了详细的研究后发现：杨氏鱼的口腔没有内鼻孔。在中国发现的总鳍鱼没有内鼻孔，那么，在外国发现的总鳍鱼是否真像前

↑　拉蒂迈鱼

人所说的那样有内鼻孔吗？她带着这个问题，先后对雅尔维克教授所作的切片重新作了观察，同时对英国、德国、法国所收藏的同类化石作了详细的研究。她发现它们均与杨氏鱼相似。在雅氏所描述的真掌鳍鱼的标志上，内鼻孔所在的部位并不完全，有的甚至没有保存下来。因此，雅氏所画出来的图都是"复原"出来的，也就是说其真实性不强。于是，人们在扇鳍鱼是否有内鼻孔这个问题上打了一个大问号。

四足动物用肺进行呼吸。因此，它必须要有与外鼻孔相通的内鼻孔，这样才能使外面的空气顺利地进入到肺，保证动物对氧气的需要。张弥曼教授通过对我国云南杨氏鱼研究所取得的成果，否定了扇鳍鱼类有内鼻孔的传统看法，这样就从根本上动摇了总鳍鱼类是四足动物祖先的地位。这是 20 世纪对这一传统的四足动物起源说的一次真正挑战，在全世界地质学界和古生物学界引起了很大的震动。

当然，要解决四足动物起源的问题，除了深入开展古鱼类学的研究外，现代生物学的研究也很关键。如对现代四足动物的研究，对现代肺鱼和拉蒂迈鱼蛋白质分子序列的研究等，也许能提供一些更为重要的线索。

章鱼为何会变脸

澳大利亚海洋生物学家，在印尼海域发现了一种特殊的章鱼，它在遇险时可乔装成其他海洋生物躲避祸害，这种章鱼是目前唯一被人们发现的能乔装成其他生物的海洋动物。

这种章鱼能将其他生物模仿得惟妙惟肖，例如当它被小丑鱼袭击时，便会将它的八条腕足卷成一条，扮成海蛇吓退敌人；或者收起腕足，模仿成一条全身长满含有剧毒腺的鱼，降低袭击者的胃口，从而脱身；再就是伸展腕足，扮成有斑纹和毒鳍刺的狮子鱼，使敌人望而生畏。

那么章鱼的伪装技术是如何完成的呢？科学家发现，章鱼有8条腕足，每一条都具有发达的神经系统，可不受大脑约束，并且控制腕足末梢的伸缩流程。章鱼大脑的作用在某种程度上类似公司的首席执行官，只作重大决定，细节问题的处理权则交给下属。

这是科学家首次在动物王国里发现的异常特性，也就是章鱼脑力关系多元神经的科学特征。6年来，科学家一直在研究章鱼，以求了解如何制造具有章鱼腕足那样无限运动程度的机器手臂，以便通过更好、更柔软的机器手臂来完成医学和军事的高难度技巧。

海豚语言之谜

　　科学家终于弄清了组成海豚"语言"的尖叫声和口哨声所代表的意思。据破解"海豚语言"的澳大利亚研究人员介绍，这种语言表明，海豚与人类更相似。科学家识别出海豚用于交流发出的差不多 200 种不同的口哨声，并将一些叫声与特殊行为联系起来。

　　3 年来，新南威尔士南十字星大学鲸研究中心的生物学家霍金斯博士和她的同事一直在澳大利亚西海岸听野生宽吻海豚的叫声。她说："这种交流相当复杂，而且它跟环境有关，所以在某种意义上，它可以被称作一种语言。"科学家已经知道，海豚用"信号"口哨声来把它们自己和其他海豚区分开，但至于它们发出的其他口哨声代表什么意思则一直是个谜。霍金斯博士录下了生活在新南威尔士拜伦湾的 51 群海豚发出的 1647 次口哨声。在海洋哺乳动物学会在开普敦召开的一次会议上，霍金斯博士介绍了自己的研究。他们把所有的口哨声分成 5 种音调，并发现这 5 种音调甚至是单独的口哨声明显伴随有不同的行为。

　　研究人员表示，现在要知道口哨声是否可能有某种特殊的含意还为时过早，但海豚之间的交流比我们想象的要复杂得多。他们声称，这项研究将会带来对海豚社交复杂性的一次重新评估，从而引发那些被关起来的海豚应该得到什么样的对待的道德争论。

鲨鱼的克星之谜

鲨鱼是海洋里的"魔王"。当它追逐鱼群时，能一下子吞掉几十条小鱼，就连鲸这类海洋中的庞然大物也难以逃生。特别是臭名昭著的噬人鲨，不仅捕食头足类动物、较大的鱼类、海豚和海豹，而且还有袭击渔船

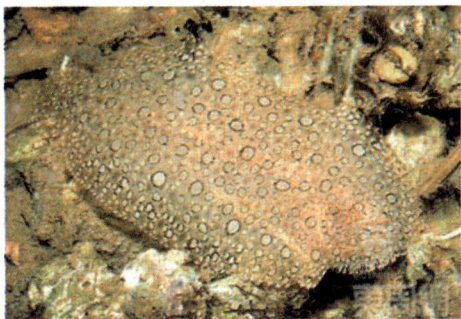

↑ 豹鳎

和吃人的记录，因而得了一个"噬人鲨"的恶名，令人不寒而栗。然而，这个海洋里的"凶神恶煞"，却不得不屈服于比目鱼。

美国著名生物学家、人称"鲨鱼女士"的尤金妮娅·克拉克，在1964～1975年间，对红海进行了一系列考察，详细研究了这种令鲨鱼望而生畏的红海鱼。这种鱼学名叫豹鳎。身上长满像豹子一样的斑点，是比目鱼家族的一种，以色列人称之为"摩西鳎"。

克拉克女士说，当一条鲨鱼游近一条被拴住的比目鱼时，它张大长满利齿的大嘴，一口咬住战利品。谁知，鲨鱼却痉挛般地闪到了一边，

双眼紧闭，下巴张得很大，像冻僵了似的，再也合不拢了。紧接着，这条鲨鱼疯狂地摇摆着头，在水中痛苦地跳跃着，转着圈，不顾一切地四处狂奔，直到合上嘴巴，才安静下来。

据传说，当年的先知摩西把红海海水分开，让以色列人逃脱了埃及人的追赶。恰巧有一条小鱼正在其中，一下子把这条鱼分为两半，变为两条比目鱼。这种身体扁平的鱼，生活在红海东北部的亚喀巴湾，平时总是悠闲地躺在海底，用身上那砂岩一样的颜色和黑点隐藏起来，而谁会料到它竟然是鲨鱼的"克星"呢？

经过解剖发现，豹鳎共有 240 个毒腺，这些毒腺分布在它的背鳍和臀鳍基部，每个腺体都有一个小开口，乳状的毒液就从这里分泌出来。一旦受到威胁，豹鳎能在敌人咬它之前，迅速分泌出致命的毒液来。这种乳状毒液四处散发，形成 10 多厘米厚的防护圈，环绕于身体周围，毒液的效果可以维持 28 小时以上。科学家还发现，这种毒液即使稀释5000 倍，也足以使软体动物、海胆、海星和小鱼在几分钟内死亡。把 0.2毫升的毒液注射到老鼠体内，老鼠先是痛苦地抽搐着，两分钟后，就会一命呜呼。

美国生物学家曾把一条豹鳎，放进养有两条长鳍真鲨的水池中，试验豹鳎的防鲨性能。一条鲨鱼立即猛冲过来，张开血盆大口去咬豹鳎。突然，它使劲地摇着头，扭动着身体，样子痛苦万分。原来，鲨鱼被豹鳎分泌的乳白色毒液麻痹了，张着大嘴无法闭上。

尽管鲨鱼凶猛无比，但对这种红海豹鳎也只能望而却步。

鲸类动物的"方言"之谜

　　人类由于居住的地域不同，会形成各种各样不同的方言。那么海洋动物有没有方言呢？科学家们发现，海洋动物尤其是鲸类不仅像人类一样有"语言"，而且也有不同的"方言"。

　　在鲸类王国里，要数海豚家族的种类最多了，全世界共有 30 多种。海洋科学家发现，海豚发出的叫声共有 32 种，其中太平洋海豚经常使用的有 16 种，大西洋海豚经常使用的有 17 种，两者通用的有 9 种，但有一半语言却互相听不懂，这就是海豚的"方言"。因此海洋学家认为，海豚不仅可以利用声波信号在同种海豚间进行通讯联络，也可以在不同种类的海豚间进行"对话"。虽然它们不能做到完全理解，不过也能达到似懂非懂的程度。现在还没有人能听懂海豚的"哨音"，无法理解它们的通讯内容。有人推测，这种聪明的动物也可能具有类似于人类语言的表达能力。

　　体长 11～15 米、平均体重 25 吨的座头鲸非常善于"交谈"，不仅能"唱"出使人萦绕于心头的优美歌声，而且能连续歌唱 22 个小时。虽说渔民们早就知道座头鲸会"唱歌"，但人们对其歌声的研究却起步较晚。1952 年，美国学者舒莱伯在夏威夷首次录下了座头鲸发出的声音，后经电子计算机分析，发现它们的歌声不仅交替反复，有规律，而且抑扬顿挫，美妙动听，因而生物学家称赞它为海洋世界里最杰出的"歌星"。座头鲸的鼾声、呻吟声和发出的歌声，都可用来表示性别并保持群落中的联系。一个"家族"即使散布在几十平方千米的海面上，仍能凭借歌声了解每一个成员所在的位置。座头鲸的嗓门很大，音量可达 150 分贝，有些鲸的声音甚至能传出 5 千米以外。

如果说座头鲸是鲸类世界里的"歌唱家"，那么虎鲸就是鲸类王国中的"语言大师"了。科学家的最新研究表明，虎鲸能发出 62 种不同的声音，而且这些声音有着不同的含义。更奇妙的是，虎鲸能"讲"不同"方言"和多种语言，其"方言"之间的差异既可能像英国各地区的方言一样略有不同，也可能如英语和日语一样有天壤之别。这一发现使虎鲸成为哺乳动物中语言上的佼佼者，足以和人类或某些灵长类动物相

← 虎鲸

媲美。

10 多年来，加拿大海洋哺乳动物学家约翰·福特一直从事虎鲸的联系方式的研究。他对终年生活在北太平洋的大约 350 头虎鲸进行了追踪研究。这些虎鲸属于在两个相邻海域里巡游的不同群体，其中北方群体由 16 个家庭小组组成。由于虎鲸所发出的声音大部分处于人类的听觉范围内，所以，利用水听器结合潜水观察，能比较容易地录下它们的交谈。

福特认为，虎鲸的"方言"是由它们在水下时常用的哨声及呼叫声组成，这些声音和虎鲸在水中巡游时为进行回波定位而发出的声音完全不同。科学家对每一个虎鲸家庭小组的呼叫，即所谓的方言进行分类后发现，一个典型的家庭小组通常能发出 12 种不同的呼叫，大多数呼叫都只在一个家庭小组内通用。而且在每一个家庭小组内，"方言"都代代相传，但有时家庭小组之间也有一个或几个共同的呼叫。虎鲸还能将各种呼叫组合起来，形成一种复杂的家庭"确认编码"，它们可以借此编码确认其家庭成员。尤其是当多个家庭小组构成的超大群虎鲸在一起游弋时，"编码"就显得特别重要。由于虎鲸方言变化的速度极慢，因而形成某种"方言"所需的时间可能需要几个世纪。

当然，动物界的语言不可能像人类语言那样内涵丰富，但不能由此否定它们的语言的存在。由于人们传统地认为语言是人类的独有特点，因而对客观存在的动物语言研究极少，所知甚微。目前，科学家已发现鲸类的语言和方言，可见方言并不是人类所特有的。科学家们正致力于研究和理解动物界的独特语言，充当动物语言的合格译员，这对于探索动物世界的生活方式和社会奥秘，无疑有着重要的意义。

鲸集体"自杀"之谜

1979年7月17日，加拿大欧斯海峡狭长的沙滩上，突然从海中冲上来一大群不速之客——鲸，粗略估算一下，足有百余头。这群鲸集体冲上海滩自杀的消息在当地引起了很大的轰动。其实，有关鲸集体自杀的事，在世界其他一些海域也曾发生过。

早在1784年，法国海岸就发生过这类怪事。这年3月13日，在奥捷连恩湾里，只见一群抹香鲸趁涨潮时游上海滩，退潮时，也不肯游去。结果有32头鲸搁浅在沙滩上，吼叫之声在数千米外都能听到。最后，这群抹香鲸活活干死在沙滩上。当时，人们还没有援救鲸的意识，只是眼睁睁地看着它们"自杀"。

到了20世纪六七十年代之后，人们慢慢有了援救鲸类的意识，然而事情并不那么简单。1970年1月

↑ 鲸

11 日，在美国佛罗里达州的一处海滩上，一大群逆戟鲸不顾一切冲上海滩，冲上来的达 150 余头。海岸警备队发现了它们，立即把它们拖回到海里，可是它们又冲上岸，个个都是"宁死不屈"的样子。最后那些冲到海滩上的，全部干死了。这个事例说明，鲸冲上海滩，并不是误入歧途，而是它们完全不想活了。说它们是"自杀"一点儿也不过分，而且是地地道道的集体自杀。

鲸为什么要集体自杀呢？几十年来，不少人在研究这个问题，得出的结果也不一致。有人说，鲸自杀可能是鲸群中的领头鲸神经错乱而导致的结果。有的认为，鲸自杀可能是这群鲸患了某种我们人类还弄不清的疾病所致。还有人说，可能是鲸群追捕食物误入浅滩搁浅的缘故。总之，众说纷纭，莫衷一是。不过，这些说法都不能使人信服。

为了揭开鲸集体自杀之谜，许多科学家进行了大量深入的研究工作，取得了不少的进展。荷兰科学家杜多克收集整理了 133 例鲸自杀的事例。他发现，鲸自杀的地方，在地球各个角落都有，通常是在低海岸、水下沙滩、沙地或是淤泥冲积地区的海角。

鲸有精确的回声定位器官，发生自杀时，往往是因为鲸的测定方位器官受到干扰，以致导航系统发生困难而自杀的。造成回声定位系统失灵的主要原因是遇到了缓斜沙质海底。另一个原因是鲸在捕捉食物时，声波系统发生紊乱。俄罗斯的学者认为，鲸集体自杀的原因是出于一种保护同类的本能。据 1985 年美国科学家的一份研究报告说，从 212 例鲸和海豚集体自杀的事例分析，凡是发生鲸类自杀的地方，全都是磁场最弱的地方。这意味着什么呢？它与鲸的集体自杀有必然联系吗？这都没有最后的答案。

鲸和海豚的"海洋文化"

一些动物学家认为，在鲸和海豚的世界里，存在着带有文化特征的传统,这种传统通过它们的行为表现出来,并代代相传。以前的研究表明，黑猩猩也是一个拥有文化的物种，它们独特的使用工具和社交方式带有地域文化的特征。而另一个拥有文化的物种就是人类，人并非以前认为的那样是唯一拥有文化的物种。

1."吹气泡"和"甩尾巴"

鲸和海豚属于鲸类动物，科学家认为，4种聪明的鲸类动物有能力创造它们自己的"海洋文化",它们是宽吻海豚、逆戟鲸、抹香鲸和座头鲸。它们的文化特征表现在交流、捕食、交配和抚养后代的行为上。

从宽泛的意义上说，文化强调一种行为的获得，是后代进行某种社交学习的结果，例如通过反复地看和模仿同类尤其是父母获得的一种行为。从严格的意义上说，文化反映在一些传统的行为上，它们是通过专门的学习、教养和模仿形成的。

科学家认为，鲸类动物显然具有宽泛概念上的文化行为，在有些时候，它们甚至也存在严格意义上的文化行为。人们发现，生活在夏威夷和墨西哥一带海域里的逆戟鲸有着共同的发声和歌唱形式，尽管它们的歌声每年都在变化，但逆戟鲸们却似乎有一种我们目前尚不知道的方法保证它们的歌声和谐一致。研究人员认为，逆戟鲸可能拥有灵敏的感觉能力，能学习和共享一种集体的歌声，这似乎是一种它们认同的共有的标准文化行为。

在逆戟鲸的群体中，进食的方式也是可以改变和流行的。在科学家韦因里奇的带领下，英国新英格兰鲸类动物研究中心的研究人员1991年曾对逆戟鲸进行过一次长期的跟踪研究。科学家们注意到，在逆戟鲸群中流行着一种有趣的进食方式，它们在水下吹出许多气泡，这些气泡会将鱼赶在一起，当鱼的数量聚集到足够多以后，逆戟鲸们才开始痛快地享用猎物。还发现，鲸群中有少数个体的进食行为同其他个体并不一样，它们先要夸张地甩一下尾巴，然后才潜到水下追逐鱼群。

而9年以后，科学家发现，鲸群中有更多的个体采用"甩尾巴"的方式了，特别是那些小逆戟鲸，它们似乎对这种方式情有独钟。因此人们认为，"吹气泡"和"甩尾巴"的流行来自于模仿。

← 鲸和海豚比例图

2. 多嘴的宽吻海豚

在鲸类动物中，最喜欢模仿声音的种类要数海豚了。科学家认为，海豚之所以要这样做是因为水下视野模糊而狭窄，相互之间需要用声音确定身份，以表示友好和警告，它们的声音一般都可以传得很远。

　　动物学家杰莱克使用水下麦克风记录下了活动在苏格兰沿岸的宽吻海豚的叫声。在 7 天的时间里，杰莱克共录下了 39 次海豚的叫声，那些海豚经常有 10 头或者更多。杰莱克说，他们的调查表明，宽吻海豚非常善于模仿，它们呼应式的叫声显示出了它们是很喜欢交流的动物。接受训练的海豚非常愿意学习新规则，它们还可以理解一些抽象的概念，甚至人类的语言。

　　但是，海豚是否传授它们的行为呢？例如一头宽吻海豚是否会教另一头宽吻海豚如何发声呢？人们现在依然不得而知，没有任何证据表明它们那样做了。然而，有些动物学家不赞成鲸类动物拥有文化的说法，他们甚至也不认为黑猩猩是拥有文化行为的物种。看来要彻底解开鲸类动物是否存在文化的谜团还需要一段相当长的时间。

河马与鲸的关系之谜

　　自从河马被发现至今，它的归属就引起科学家的激烈争议。古希腊人认为它和马有最亲近的血缘，现代科学家则认为它的近亲是猪或野猪。直到 1985 年，科学家首次对河马与鲸的血液蛋白进行对比，才发现河马与鲸的差别远不像看起来那么大，最近的 DNA 分析也证实了这一点。因此早就有科学家建议，鲸应该和偶蹄动物归为一目，合称为"鲸－偶蹄动物"，尽管鲸的蹄已经完全变成了鳍。

← 河马

在美国《全国科学院学报》网络版上，由美国加利福尼亚大学伯克利分校、法国普瓦捷大学以及乍得恩贾梅纳大学组成的研究小组通过对河马与鲸各自祖先的化石系统分析后提出，它们的共同祖先约在4000万年前分成两支。其中一支进化成为鲸，并最终告别了陆地；而另一支是一种外貌有些像猪的厚皮四蹄动物，被称为石炭兽类，是所有偶蹄动物的祖先。

美国加州大学伯克利分校研究人员布瓦瑟里说，石炭兽类这种古老动物曾一度生活在除大洋洲和南美洲之外的广泛地区，直到在250万年前的冰期中灭绝。不过，约1600万年前在非洲进化而成的河马，可以算是它的直系子遗，因此河马与鲸的亲缘关系可以比作"表兄弟"。

研究人员说，河马与鲸的共同祖先应是半水栖的动物，喜好生活在水边，新近发现鲸类祖先、河马以及其他偶蹄动物祖先石炭兽类的化石，都显示出半水栖或水栖的特征。他们也支持将鲸和偶蹄动物合并成"鲸－偶蹄动物"目。

布瓦瑟里说，要确证鲸与河马以及其他偶蹄动物的关系，还需要足够的化石证据，不过2001年科学家在巴基斯坦境内发现了已知鲸类最早祖先的化石，显示出它的上肢还没有完全进化成鳍，而是保留了一些偶蹄动物特征。正是通过对这些化石的系统分析，研究人员提出了鲸与偶蹄动物的详细进化路线。

Part 5

海洋神奇地带

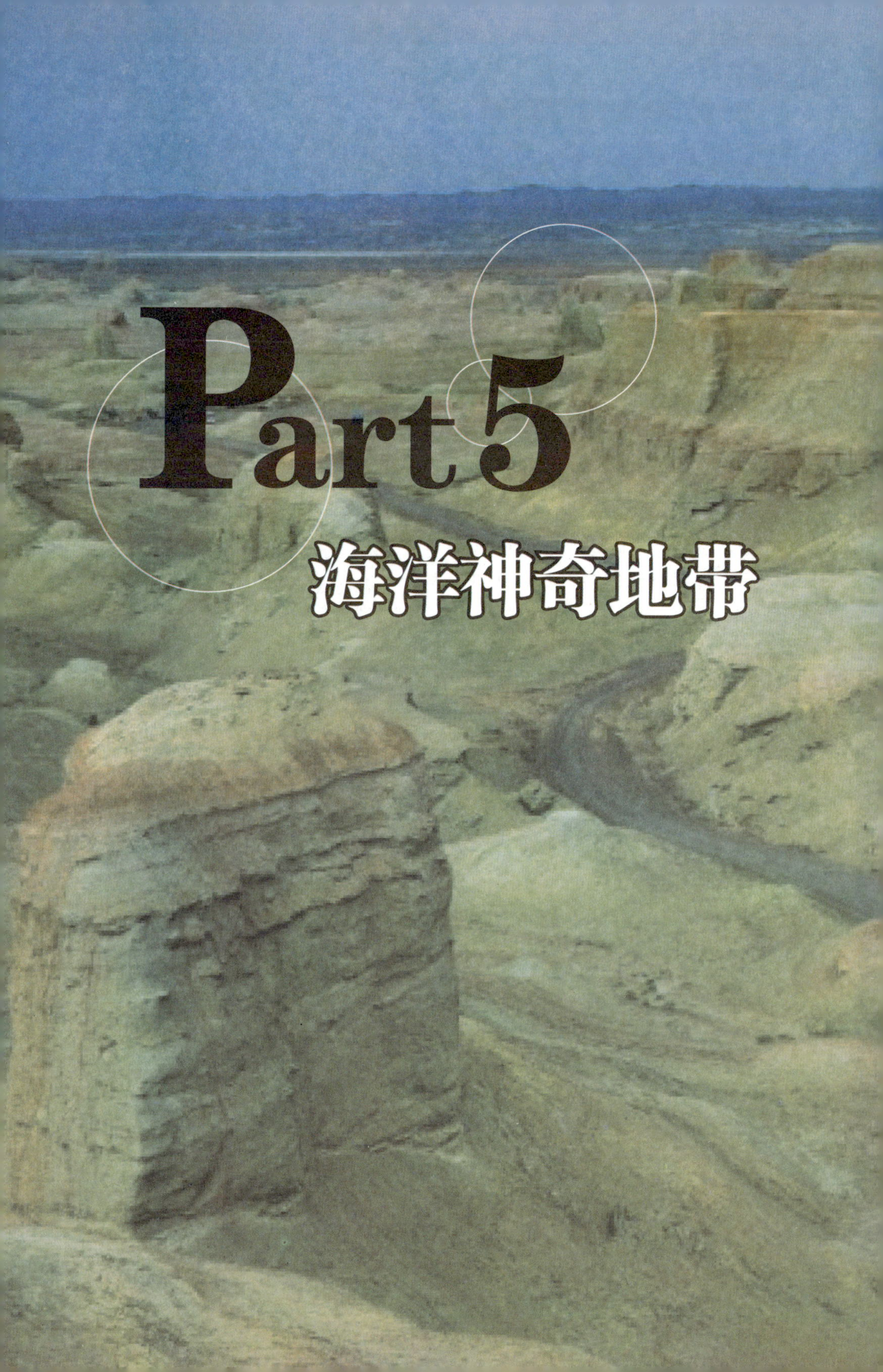

海底"烟囱"之谜

最近，在印度洋执行我国首次环球大洋科学考察任务的"大洋一号"科学考察船获得重大发现，在印度洋底搜获一块完整的热液硫化物烟囱体和热液活动区生物样本。

自 1977 年 10 月美国伍兹霍尔海洋研究所所属深海潜艇"阿尔文"号，在加拉帕戈斯群岛海域率先发现海底热泉生态区以来，海洋学家又先后在墨西哥西部沿海以北的北纬 10°海底和北纬 21°的胡安·德富卡海隆下勘察到大规模热泉区，并分别进行过数

↑　海底黑烟囱

次综合考察。胡安·德富卡海底热泉区中拥有多处喷涌升腾矿物质的"黑烟囱"。这些奇异的自然景观引起了科学家极大的兴趣和关注，在他们不间断的努力下，不断获得新的收获和重要发现。

1. 地质构造活动的产物

距西雅图以西 480 公里处太平洋海下，胡安·德富卡板块不断与太平洋板块碰撞，因此造成沿胡安·德富卡海隆海底地层出现坼裂和扩张，地球内部源源不绝喷涌而出的熔岩，冷却固着成新的海底地壳，并将古老的海床置于其下取而代之。海水在地心引力作用下倾泻深入地裂中，同时形成海底环流，将熔岩中大量的热能和矿物质携带和释放出来。当炽热的海水再度喷射到裂缝上冰冷的海水中，其中的矿物质被溶解并形成一缕缕漆黑的烟雾。矿物质遇冷收缩最终沉积成烟囱状堆积物，地裂中热液顺烟道喷涌而出形成景致奇异、妙趣横生的海底热泉。

美加利福尼亚州蒙特雷水族生物研究所海洋地质学家德布拉·斯特克斯认为，海底"黑烟囱"的构筑绝非仅仅是地质构造活动的结果。其中神奇莫测的热泉生物建筑师的艰辛劳作也功不可没，在热泉口周围拥聚生息着种类繁多的蠕虫，其中管足蠕虫可长到 46 厘米，它们独具特色的生存行为特别引人注目。斯特克斯和助手特里·库克发现这些底栖生物在营造烟囱中起着至关重要的作用。

2. 奇妙的海底"建筑师"

为查明"黑烟囱"矿物成分，斯特克斯从 3 座"黑烟囱"内采集了46 厘米长的岩心，经潜心研究后才揭示了其中奥秘。他们发现，岩心上布满了含有硫酸钡亦称重晶石的凹陷管状深孔，并确认这些管状孔穴系蠕虫长期生存行为的结果。鉴于热泉口旁蠕虫遍布，因此尚难断定究竟哪些蠕虫擅长打洞筑巢。但从管洞外形来看极有可能是活跃喜迁居的管足蠕虫长期挖掘作业的产物。解剖分析表明，管足蠕虫内脏中的细菌可从热液所含亚硫酸氢盐中获取氢原子维持生命，细菌还可把海水中的氢、氧和碳有机地转化生成碳水化合物，为蠕虫提供生存所需的食物。这种化学反应的结果遗留下硫元素，蠕虫排泄的硫又促使海水中的钡和硫酸发生催化反应。长此以往，蠕虫死后便在熔岩中遗留下管状重晶石穴坑。

斯特克斯推测，一座座海底烟囱演化生成过程可能在蠕虫聚集热泉口周围就早已开始了，胡安·德富卡海隆下蠕虫"建筑师"精心创造的自然奇观令人叹为观止。它们开凿的洞穴息息相通，犹如礁岩迷宫，从而使热液将矿物质源源不断地输送上来并堆集烟道。当"黑烟囱"在热泉周围落成后，熔岩上深邃的管状洞口穴就成为矿物热液外流的通道，从而形成海底黑烟热泉奇观，直到通道自身被矿物结晶体堵塞才告停息。从多处海底热泉采样分析来看，矿产资源丰饶，种类繁多，品位极高。

据悉，美国科学家正加紧研制大型深海考察潜艇，并准备对深海热泉进行全面研究，同时向国际社会发出呼吁：要求设立深海热泉自然保护区。

百慕大"魔鬼三角"之谜

百慕大三角的具体地理位置是指位于大西洋上的百慕大群岛、迈阿密（美国佛罗里达半岛）和圣胡安（波多黎各岛）这三点连线形成的三角地带。20世纪50年代之前，在这一海域里曾多次发生过飞机、舰船失踪的事件，因此，一提起这一海域，就给人留下十分恐惧的印象。后来，人们把这一海域称作百慕大"魔鬼三角"。

↑　百慕大三角

为了弄清事情的来龙去脉，我们还是从几起海难事故说起。

1918 年 3 月 4 日，美国海军的一艘运输船"独眼神"号邮轮，载着 236 名旅客、73 名船员，在驶入百慕大海域不久，就神秘地失踪了，事件发生后，美国海军派出大批飞机、舰船寻找，结果所有的尝试都失败了。事后人们提出过种种推断，但没有一条令人信服。

进入 30 年代，又有一艘巴拿马的 1.5 万吨铁矿运输船在驶入这一海域时失踪，船上有 37 名船员。当搜救人员到达这一海域时，除发现一些烧焦的碎片和救生圈之外，什么也没有找到。在排除气象等意外因素之后，仍然无法解释其失踪的真正原因。

飞机也曾在这一海域失踪过，1945 年 12 月 5 日，美国海军第 19 飞行中队的 5 架鱼雷轰炸机在这一海域进行训练时，突然与指挥部失去联系，随后就失踪了。美国海军派大批飞机、军舰去搜寻 5 天，结果是令人失望的，谁也说不清这 5 架轰炸机是因为什么而突然失踪的。

为了弄清百慕大三角海域各种离奇的海难事件发生的真正原因，美国、欧洲的许多海洋科学家到百慕大三角海域进行调查，企图在这一海域找到与其他海域某些不同的海区特点，查出飞机、轮船神秘失踪的原因。

然而，经过大量调查发现，该海域的海洋环境，包括海水水体、海底地貌，地质结构等，都是人们所熟悉的。这里既没有异常的海底火山，也不存在海底地震的干扰，只是地磁场略有异常。从地理环境看，这一海域是湾流经过的海域。当北赤道暖流北上流过加勒比海、墨西哥湾，经佛罗里达海峡流出时，形成强劲的湾流流系。这一海域海底有较为复杂的地形，群岛暗礁密布，流系复杂。总之，在该海域，无论是海洋环境，还是气候条件，都不存在什么独特的地方。一些缺乏航海知识的人，乘私人游艇或小帆船到佛罗里达黄金海岸或巴哈马群岛度假，结果发生悲剧，这些都属人为因素所造成的。

美国海岸警备队的官员曾多次批评那些不负责任的新闻报道，"对海上灾祸的超自然解释是不能令人信服的，是不科学的"。近几十年，百慕大群岛已是大西洋上最著名的旅游胜地，每年有上百万人到这里度假。这个事实与某些传媒关于百慕大"魔鬼三角"的恐怖解释是极不相称的。当然，今天这一海域仍然还会有航海事故发生，但它并不是"魔鬼"造成的，而是和其他海域发生的事故一样，是人为因素或者是突发自然灾害所致。

南极神奇的威德尔海

　　一提起魔海，人们自然会想到大西洋上的百慕大"魔鬼三角"。这片凶恶的魔海，不知吞噬了多少舰船和飞机。它的"魔法"究竟是一种什么力量，科学家们众说纷纭，至今还是一个不解之谜。然而在南极，也有一个魔海，这个魔海虽然不像百慕大三角那么贪婪地吞噬舰船和飞机，但它的"魔力"足以令许多探险家视为畏途，这就是威德尔海。

　　威德尔海是南极的边缘海，属南大西洋的一部分。它位于南极半岛同科茨地之间，最南端达南纬83°，北达南纬70°～77°，宽度在550千米以上。它因1823年英国探险家威德尔首先到达此地而得名。

　　魔海——威德尔海的魔力首先在于它流冰的巨大威力。南极的夏天，在威德尔海北部，经常有大片大片的流冰群。这些流冰群像一座白色的城墙，首尾相接，连成一片，有时中间还漂浮着几座冰山。有的冰山高100～200米，方圆220平方千米，就像一个大冰原。这些流冰和冰山相互撞击、挤压，发出一阵阵惊天动地的隆隆响声，使人胆战心惊。船只在流冰群的缝隙中航行异常危险，说不定什么时候就会被流冰挤撞损坏或者驶入"死胡同"，使航船永远留在这南极的冰海之中。1914年，英国的探险船"英迪兰斯"号就被威德尔海的流冰所吞噬。

在威德尔的冰海中航行，风向对船只的安全至关重要。在刮南风时，流冰群向北散开，这时在流冰群之中就会出现一道道缝隙，船只就可以在缝隙中航行；如果一刮北风，流冰就会挤到一起，把船只包围，这时船只即使不会被流冰撞沉，也无法离开这茫茫的冰海，至少要在威德尔海的大冰原中待上1年，直至第2年夏季到来时，才有可能冲出威德尔海而脱险。但是冲出来的可能性是极小的，由于1年中食物和燃料有限，特别是威德尔海冬季暴风雪的肆虐，使绝大部分陷入困境的船只难以离开威德尔这个魔海，它们将永远"长眠"在南极的冰海之中。所以，在威德尔及南极其他海域，一直流传着"南风行船乐悠悠，一变北风逃外洋"的说法。直到今天，各国探险家们还恪守着这一信条，足见威德尔海的神威魔力。

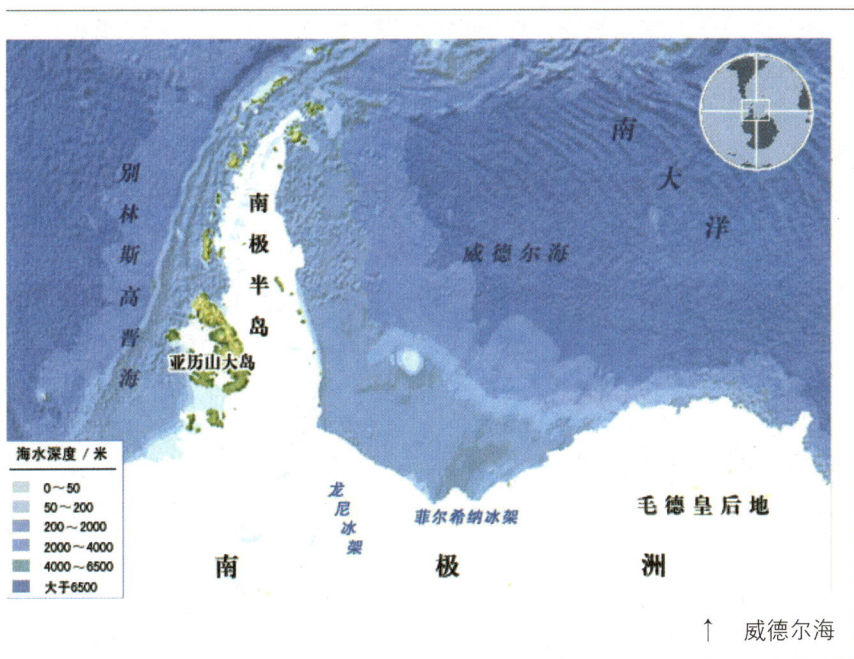

↑ 威德尔海

在威德尔海，不仅流冰和狂风对人施加淫威，而且鲸群对探险家们也是一大威胁。夏季，在威德尔海碧蓝的海水中，鲸鱼成群结队，它们时常在流冰的缝隙中喷水嬉戏，别看它们悠闲自得，其实凶猛异常。特别是逆戟鲸，是一种能吞食冰面任何动物的可怕鲸鱼，是有名的海上"屠夫"。当它发现冰面上有人或海豹等动物时，会突然从海中冲破冰面，用那细长的尖嘴，贪婪地吞噬各种生物，其凶猛程度，令人毛骨悚然。正是逆戟鲸的存在，使得被困威德尔海的人难以生还。

绚丽多姿的极光和变化莫测的海市蜃楼，是威德尔海的又一魔力。船只在威德尔海中航行，就好像在梦幻的世界里飘游，它那瞬息万变的自然奇观，既使人感到神秘莫测，又令人魂惊胆丧。有时船只正在流冰缝隙中航行，突然流冰群周围出现陡峭的冰壁，好像船只被冰壁所围，挡住了去路，一时间似乎进入了绝境，使人惊慌失措。刹那间，这冰壁又消失得无影无踪，使船只转危为安。有时，船只明明在水中航行，突然间好像开到冰山顶上，顿时，把船员们吓得一个个魂飞九霄。还有，当晚霞映红海面的时候，眼前出现了金色的冰山，倒映在海面上，好像向船只砸来，给人带来一场虚惊。在威德尔海航行，大自然不时向人们显示它的魔力，戏谑着人们，使人始终处在惊恐不安之中。这是大自然演出的一场场闹剧，不知将多少船只引入歧途——有的竟为避开虚幻的冰山而与真正的冰山相撞，有的则受虚景迷惑而陷入流冰包围的绝境之中。

威德尔海是一个冰冷的海、可怕的海、神奇莫测的海，也是世界上又一个神奇的魔海。

危险的好望角

位于非洲西南端的好望角，是大西洋和印度洋之间的重要陆地标志。好望角的发现，是一场海上风暴送给葡萄牙探险家巴塞少缪·迪亚士的意外礼物。

↑　好望角

1487 年 7 月，32 岁的迪亚士奉葡萄牙国王之命，率 3 艘探险船沿非洲西海岸南下，踏上了驶往印度洋的未知之路。当船队到了南纬 33 度的地方时，突然遇上了风暴，在海上漂泊了 13 个昼夜。风暴停息以后，迪亚士决定向东航行，可一连行驶了好几天仍未发现非洲西海岸的影子。迪亚士凭着丰富的航海经验推断，船队已在风暴中绕过了非洲的最南端。于是船队改变航向朝正北航行，几天之后果然看见了东西走向的海岸线和一个海湾（即今南非的莫塞尔湾）。但船员们都不愿继续东行冒险，迪亚士只好率船队返航。

返航途中接近一个伸入海中的海角,不料风暴再次降临,海面巨浪滔天。船队在风浪中经过两天奋力拼搏,才绕过骇人的海角,驶进风平浪静的非洲西海岸。望着令人生畏的海角,迪亚士将它命名为"风暴角"。1488 年 12 月,船队回到里斯本,迪亚士向国王裘安二世描述了自己的探险经过和命名为"风暴角"的海角,国王认为,绕过这个海角就有希望进入印度洋,到达朝思暮想的黄金国印度,于是就将"风暴角"改名为"好望角",并一直沿用至今。

此后,好望角就成为欧洲人进入印度洋的海岸指路标。但由于地理位置特殊,好望角海域几乎终年大风大浪,遇难海船难以计数,以至有"好望角,好望不好过"的说法,1500 年,"好望角之父"迪亚士正是在此走完了人生旅程,好望角成了他的绝望之角,葬身之所。

自迪亚士发现好望角以来,这里就以特有的巨浪闻名于世。据海洋学家统计,这一海区 10 多米高的海浪屡见不鲜,6 ~ 7 米高的海浪每年有 110 天,其余时间的浪高一般也在 2 米以上。好望角不仅是一个"风暴角",还是一个"多难角",从万吨远洋货轮到数十万吨级的大型油轮都曾在此失事,其罪魁祸首就是这一海区奇特的巨浪。

1968 年 6 月,一艘名叫"世界荣誉"号的巨型油轮装载着 49000 吨原油,当它驶入好望角时遭到了波高 20 米的狂浪袭击,巨浪就像折断一根木棍一样把油轮折成两段后沉没了。据 20 世纪 70 年代以来的不完全统计,在好望角海区失事的万吨级航船已有 11 艘之多。在南部非洲的海图上,都有关于好望角异常大浪的警告。

赤道潜流之谜

1951 年，美国年轻的海洋学者克伦威尔和他的同事，在太平洋的赤道海域进行鲔鱼生活习性及环境条件的考察研究。考察的方式并不复杂，就是把玻璃浮子串在一起，布放在 16 ~ 20 千米长的海面上，每个玻璃浮子下

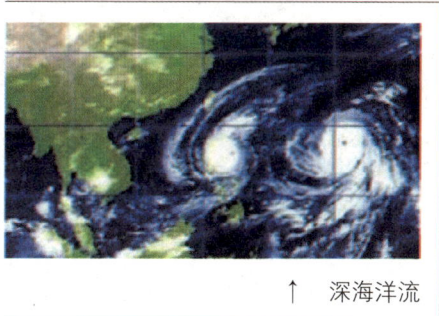

↑ 深海洋流

面，挂上铅锤和若干鱼钩。白天放下去，晚上收回来。按照一般的常识，既然海流是向西流动的，布下的钓鱼工具自然应当向西漂才对。然而令人不解的事情发生了，克伦威尔布放的沉到海面下的钓具一反常规，竟一个个向海流的反方向漂着。细心的克伦威尔以为自己没有放好钓具，收起来后，又重新布放,结果还是一样的。漂浮在海面的小船受海流影响，向西漂着，而沉入海中的钓具却向东漂去。

这是怎么回事呢？经过大量的资料对比，他断定，在赤道海域的表层海流之下，存在着一支像湾流那样巨大而稳定的逆向海流。

这就是赤道潜流。

经过各国海洋学家的艰苦努力，最终查明，赤道潜流在三大洋中都存在。它的表现形式是，沿赤道方向由西向东流动，横越三大洋。其在北纬 2° 到南纬 2° 之间的海域内，形成一支与赤道对称的狭窄海流。它的垂直厚度在 200 ~ 300 米，全年流速稳定。

虽然人们对赤道潜流已经有了初步认识，但是，仍然有不少问题有待人们去探索。例如，人们在赤道以南约南纬 6° ~ 8° 之间，曾多次发现另外一支与赤道潜流平行的潜流，也为逆向海流。这支海流和赤道潜流又是何种关系？

另外，赤道潜流与表层风海流的能量转换关系是如何进行的？这也有待于人们去重新认识。赤道潜流对热能量的储存及对全球气候的影响机制，以及它与西部边界流的能量转换关系，这些也都是摆在海洋科学家面前的难题。

地中海之谜

从地图上看，地中海位于干旱地区。这里终年气温高，气候干燥，降雨量少。据资料统计，地中海地区年蒸发量超过了年降水量与江河径流量之和，所以有人推断：如果没有大西洋

↑ 地中海

海水流入地中海，也许不用1000年的时间，地中海就会完全干涸，重新变成干透了的特大深坑。目前，大多数的海洋地质学家认为，在1500万年～2000万年前，那时的地中海，包括黑海和里海在内，都与大西洋、太平洋和印度洋相沟通。它们之间都有进行海水交通的广阔水道。然而，到了700万年～800万年前，因这一地区发生造山运动，喀尔巴阡山脉和欧洲、非洲与亚洲之间的结构发生变化，地中海发生崩裂。结果，崩裂的地壳，使被割裂出去的海盆变成了沙漠。虽然法国的罗纳河、埃及

的尼罗河不断有淡水注入地中海，但由于蒸发快，一滴水都难以存储。

运用现代的钻探取样技术，人们发现：地中海海底分布着许多盐丘。在未固结的现代沉积物下面，有坚硬的蒸发盐层。于是，人们可以得出这样的结论：这就是当时地中海干燥脱水的证据。由于地中海的海水不断蒸发，浓度越来越大，以致在其海底沉淀了上百米的盐床。深部盐层受到挤压，涌升到上层使沉积物成为一座座盐丘。

此外，千百万年来，一直流入地中海的罗纳河和尼罗河也提供了这方面的证据：根据钻探资料和地震剖面资料分析，覆盖在罗纳河谷上的现代沉积物，要比后来覆盖上的沉积物深 915 米。整个地中海由于蒸发量超过了降水量与江河径流量之和，其表层海水的盐度要比大西洋海水的盐度高得多，这些高盐水比重大，它们从 300 多米深的直布罗陀海峡流出，进入大西洋后，就下沉到约千米深的平衡水层，而且能流入大西洋数千千米之外。另一方面，大西洋海水又从其表层流入地中海，作为从地中海流出的表层水的补偿。这些大西洋海水流入地中海之后，经蒸发而冷却，又沉入地中海的深层，地中海的水体就这样循环不息，保持住自身的平衡。有人测算过，整个地中海的海水更新一遍，大约需要 70 年的时间。由于地中海与大西洋之间的水交换也仅仅表现在表层水，因此，地中海是世界上营养盐类最贫乏的大型水域。

从地质构造上讲，地中海真有一天会消失吗？地中海一旦消失，其周围的地理环境和气候又会是什么样子？地中海海底的盐丘被视为是地中海曾经干涸的证据。然而，也有人不同意这种看法，认为它是地中海海底岸层中固有的。如果真是这样，那就会产生另一个问题：如此厚的地中海深层盐层从何而来？

从气候的角度看，地中海与大西洋的海水交换平衡，在很大程度上决定着这一地区高温、干旱，造成了地中海地区蒸发量远远超过其降水量和江河径流量。但是，从现代研究海洋的成果看，陆地上的气候多受海洋热能量输送的制约，海洋常常因为其贮热量大而决定着一个地区的气候变化。例如，黑潮就改变了中国南部、朝鲜半岛、日本等地的气候。为什么在地中海，这种影响则不明显呢？在地中海，气候影响海水交换的机制、海气热交换机制、盐交换机制等是如何进行的？这些都是科学家们今后要研究的课题。

Part 6

海洋奇景之谜

"海底风暴"之谜

　　大约在 20 世纪的中叶，国际上知名的海洋科研机构、美国伍兹霍尔海洋研究所的海洋地质学家霍利斯特，在分析大洋底岩心时发现海底有波状结构，海底地形又被冲刷成大片光秃秃的岩石和沟壑。而这种现象表明，只有被快速运动着的水流冲击

↑ 海底风暴

后才可能出现这种现象，其他则无法讲通。于是，他提出一个大胆的"假说"：大洋海底存在着"海底风暴"。这个"假说"于 1963 年在美国旧金山一次学术会上正式提出。在当时科技水平尚处低下的年代里，"海底风暴"之说被一些人认为几近荒唐可笑。"假说"最终在一片指责声中收场，虽然霍利斯特先生对自己的观点坚信不疑。

间歇水柱之谜

1960 年 12 月 4 日，"马尔模"号在地中海海域航行时，船长和船员们看到一个奇异的、好像白色积云的柱状体从海面垂直升起，但几秒钟后就消失了。几分钟后，它又再次出现。于是船员们用望远镜观察，发现它是一个有着很规则的周期间隔的升入空中的水柱，每次喷射的时间持续约 7 秒钟左右，然后消失；大约 2 分 20 秒后又重新出现。用六分仪测得水柱高度为 150.6 米。

↑　海龙卷

这股奇异的水柱是怎样形成的？科学界争论不休。有人认为它是"海龙卷"。威力巨大的龙卷风经过海面上空时，会从海洋中吸起一股水柱，形成所谓的"海龙卷"。但"海龙卷"应成漏斗状，这与船员们观察到的情况不同。而且从有关的气象资料来看，当时似乎无形成"海龙卷"的条件。于是，有人提出，水柱

的产生是火山喷气作用的结果。理由是，地中海是一个有着众多的现代活火山的地区，但在水柱产生的海域却又没有发现火山活动的记录。而且，"马尔模"号的船员们在看到水柱时，也没听到任何爆炸的声音。再者，如果确实是水下火山喷发，周围的海域也不会如此平静。因此，有人推测，这是一次人为的水下爆炸所造成的。但水柱周期性间歇喷发的特征和当时没有爆炸声，也似乎排斥了这种可能。

"马尔模"船员的发现，给人们留下了又一个难解的海洋之谜。

海洋旋涡之谜

1. 水量超过 250 条亚马逊河

在埃德加·爱伦·坡的短篇小说《卷入大旋涡》中，描述了挪威海岸一个悬崖边的强大的旋涡。书中是这样说的：旋涡的边缘是一个巨大的发出微光的飞沫带，但是并没有一个飞沫滑入令人恐怖的巨大漏斗的口中，这个巨大漏斗的内部，在目力所及的范围内，是一个光滑的、闪光的黑玉色水墙，这个巨大的水墙以大约 45°角向地平线倾斜。它在飞速地旋转，速度快得使人感到目眩，并不停地摇摆，在空气中发出一种令人惊骇的声响，这种声响半是尖叫，半是咆哮。

澳大利亚的海洋学家 3 月 14 日宣布，他们发现了一个如同爱伦·坡在小说中所描写的那样的一个巨大冷水旋涡，只是没有书中描写的那样陡峭或移动得那么快。除此之外，几乎没有什么两样。这个旋风位于距悉尼 96 公里处，直径长达 200 千米，深 1 千米。它正在剧烈旋转，产生的巨大能量将海平面几

↑　海洋旋涡

103

平削低了 1 米，改变了这个地区主要的洋流结构。它携带的水量超过了 250 条世界第一大河——亚马逊河的水量！

澳大利亚联邦科学与工业研究组织称，这个旋涡的力量非常大，它所携带的能量将电影《海底总动员》中时常出现的那种主要洋流推向了更远的海域，但到目前为止这个剧烈的旋涡还没有影响到船运。

2. 紊乱现象至今无人能解

暴风不太可能产生这样的影响，但科学家需要迫切地知道接下来会发生什么，因为在旋涡的背后是一种洋流紊乱现象，这是当代最难以解答的科学难题之一。伟大的量子物理学家沃纳海森堡说："临终前，当躺在床榻上，我会向上帝提出两个问题：为什么会出现相对性和为什么会出现洋流紊乱？我认为上帝或许会为第一个问题给出答案。"

在全世界都会看到海洋旋涡的身影，在自然界中它们是一种正常的现象。当不同的水流相遇时便会产生旋涡，和它们的近亲空气旋涡以及太阳与风的共同作用，这些海洋旋涡在影响天气的过程中扮演了异常重要的角色。它们将一个天气系统中的能量转移到另一个天气系统中。

海洋旋涡主要受海洋的涨潮和退潮控制，此外，它们还遵从一些数学规则，但并非所有的规则。科学家对这些海洋旋涡只能进行部分预测，它们是剧烈混乱产生的现象，但也展示出具有某种结构、节奏以及其他与秩序有关的特征。海洋旋涡从不会重复自己，所以对它们的行为进行统计无法完全解决问题。当年，美国人想通过把 40 年英吉利海峡的天气数据平均一下，来预测诺曼底登陆那天的天气情况，结果犯了大错。最后还是英国和挪威的预测专家利用取样预测法拯救了他们。

3."旋涡"现象无处不在

海洋旋涡虽然不能被形容为自然界中的一个反复无常的奇异现象，但像悉尼附近海域这么巨大的海洋旋涡，在不可预见的天气事件中，尤其是在"厄尔尼诺"反常气候现象中，在秘鲁的大雨到堪萨斯的干旱中，都扮演着非常重要的角色。

海洋旋涡是不同来源的水流交汇导致的，这些水流有各自不同的温度和流速。当不同的水流撞击在一起时会产生不可预见的后果。这种不可预知性与二氧化碳和甲烷气体的排放导致的不稳定性有关，这种不稳定性反过来导致了更加无法预测的水流的混合。收集到其中所有的变量并进行数学计算令科学家大费脑筋，他们正在努力弄清的一件事情是：如何理解海洋旋涡中一致和非一致运动之间的关系。这个关系是如何预测旋涡中的一个关键性因素。

悉尼海洋大旋涡令人困惑的是，它在不断改变。当你从一个视角或在一个特定的时间段观察时，它似乎很平静，但当从另一个地方或其他时间观察时它又会变得非常狂暴。如果在它上面航行时，水面看起来似乎很平静，但却会使巨轮发生晃动。悉尼海洋大旋涡可能很快会丧失它的能量，巨大的海洋旋涡通常会持续大约一周时间，但有一些可能会持续一个月之久。它们不会停息下来，而是通过将小旋涡吸入它们之中使能量发生转移。

科学家说，能量不断上下发生运动，就好像一个不断旋转的楼梯。水和空气中的旋涡中存在分子的混乱运动，这样的运动一直延伸到大气的边缘，在星际空间的流动中也存在这种神秘的混沌运动。科学家已经在恒星的尾迹中发现了旋涡的存在。自从卫星时代以来才真正有可能对旋涡进行全面的观察，为此所要做的就是要综合研究不同的信息。

海洋暖流探秘

海洋中的暖流所蕴藏的巨大热能以及对气候的影响，引起了各国科学家的广泛关注。其中，最引人注目的是湾流与黑潮。

↑ 海洋暖流图

湾流不是一股普通的海流，而是世界上第一大海洋暖流，亦称墨西哥湾（暖）流。墨西哥湾流虽然有一部分来自墨西哥湾，但它的绝大部分来自加勒比海。当南、北赤道流在大西洋西部汇合之后，便进入加勒比海，通过尤卡坦海峡，其中的一小部分进入墨西哥湾，再沿墨西哥湾海岸流动，海流的绝大部分是急转向东流去，从美国佛罗里达海峡进入大西洋。这支进入大西洋的湾流起先向北，然后很快向东北方向流去，横跨大西洋，流向西北欧的外海，一直流进寒冷的北冰洋水域。它的厚度为200～500米，流速2.05米／秒，输送的水量比黑潮大1.5倍。

湾流蕴涵着巨大的热量，它所散发的热量，恐怕比全世界一年所用燃煤产生的热量还要多。由于它的到来，英吉利海峡两岸的土地每年

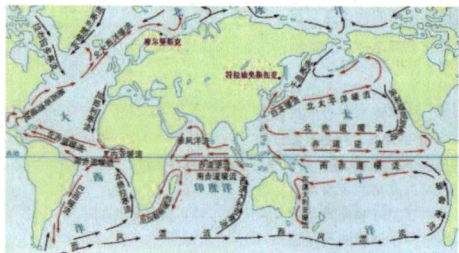

享受着湾流带来的巨大热能。如果拿同纬度的加拿大东岸加以对照，差别更为明显：大西洋彼岸的加拿大东部地区，年平均气温可低到零下10℃，而同纬度的西北欧地区可高到10℃。

为此，苏联工程师舒米林和波里索夫曾精心设计过一个调动两洋海水的庞大工程，设想利用暖流来改造地球上的气候。他们建议造一条长74000米、高50～60米的巨型堤坝，将白令海峡截断，然后在坝体内安装几千台抽水机，把太平洋的海水抽入北冰洋，从而造就一股强大的暖流，通过北极地区流入大西洋。这样，暖流便使沿途的西伯利亚和北美洲的寒冷气候变暖。相反，也可以把北冰洋的海水抽入太平洋，从而使大西洋的湾流进入北冰洋，经北冰洋流入太平洋。这股暖流就会融化北冰洋的浮冰，使高纬度广大寒冷地区变暖。他们为这一工程的前景描绘了一幅美丽的图画：北冰洋的冰雪消融了，成为长年通航无阻的国际航线，苏联近万千米的北冰洋海岸线全部解冻，热带向北延伸。温暖的北冰洋将为人类提供极其丰富的鱼虾和矿产……

但是，美国科学家盖尔哈撒韦则另有灼见，他设想从格陵兰到挪威建筑一条长约1700千米的海上大坝，把北冰洋和大西洋拦腰截断，阻止大西洋暖流进入北冰洋。他认为，如果大西洋温暖的海水把北冰洋巨大浮冰融化，便会造成悲剧的冰河时代。

黑潮是世界海洋中第二大暖流。只因海水看似蓝若靛青，所以被称为黑潮。其实，它的本色清白如常。由于海的深沉，水分子对折光的散射以及藻类等水生物的作用等，外观上好似披上黛色的衣裳。

黑潮由北赤道发源，经菲律宾，紧贴中国台湾东部进入东海，然后经琉球群岛，沿日本列岛的南部流去，于东经142°、北纬35°附近海域结束行程。其中在琉球群岛附近，黑潮分出一支来到中国的黄海和渤海。位于渤海的秦皇岛港冬季不封冻，就是受这股暖流的影响。它的主支向东，一直可追踪到东经 160°；还有一支先向东北，与亲潮（亦称千岛寒流）汇合后转而向东。黑潮的总行程有 6000 千米。

黑潮是一支强大的海流。夏季，它的表层水温达 30℃，到了冬季，水温也不低于 20℃。在我国台湾的东面，黑潮的流宽达 280 千米，厚 500 米，流速 1～1.5 节（1 节 =1.852 千米 / 小时）；入东海后，虽然流宽减少至 150 千米，速度却加快到 2.5 节，厚度也增加到 600 米。黑潮流得最快的地方是在日本潮岬外海，一般流速可达到 4 节，不亚于人的步行速度，最大流速可达 6～7 节，比普通的帆船还快。整个黑潮的径流量等于 1000 条长江。

黑潮与气候关系密切。日本气候温暖湿润，就是受惠于黑潮环绕。据科学家计算，1 立方厘米的海水降低 1℃释放出的热量，可使 3000 多立方厘米的空气温度升高 1℃。而海又是透明的，太阳辐射能传至较深的地方，使相当厚的水层贮存着热量。假若全球 100 米厚的海水降低 1℃，其放出的热能可使全球大气增加 60℃。

所以说，海洋长期积蓄着的大量热能，是一个巨大的"热站"，通过长期积蓄着的大量热能和能量的传递，不断影响着天气与气候的变化。然而，改造海洋暖流能否可行并付诸实施，充分开发和利用海洋中积蓄着的热能，造福人类，还有待科学技术的发展和人类驾驭自然能力的提高，并将成为各国科学家亟待攻克的难题。

海水之谜

1. 海水来源之谜

广阔无垠的海洋储存了地球表面总水量的97%，这么多的海水从哪里来的，以前一直是个谜。近几十年来，随着科学家对地球和海洋起源的了解日益深刻，大多数人认为海水是在漫长的地质年代里积累起来的。科学家

↑ 海水

认为：原始地球物质构成为岩石的初期，岩石中含有大量的水分和气体。由于地球的重力作用，岩石间越来越挤紧，硬是将岩石中的水气赶出来，它们不断汇集在地下，终于使地球产生地震，引起原始火山喷发。这时在地下受到挤压的大量水气，终于摆脱岩石的桎梏，随着火山、地震从地壳中呼啸而出。这些水气进入空气中遇冷凝结，便形成暴雨降落下来，并在原始的小行星碰撞地球形成的地壳低凹处的地方聚集起来。由于漫长的地质的积累，于是地球上出现了原始的海洋。

2. 海水含盐之谜

如果我们喝一口海水，就会感到又苦又咸，再口渴也只能望洋兴叹，这是因为海水中含有一定的盐分。然而与之相连的江河水都是淡淡的。这是为什么？实际上，原始的海水并非一开始就充满了盐分，最初它和江河水一样也是淡水。但是地球上的水在不停地循环运动，每年海洋表面有大量水分蒸发，其中部分水分通过大气运动输送到陆地上空，然后形成降水再落到地面上，冲刷土壤，破坏岩石，把陆上的可溶性物质（大部分是各种盐类）带到江河之中，江河百川又回归大海。这样，每年大约有 30 亿吨的盐分被带进海洋，海洋便成了一切溶解盐类的收容所。而在海水的蒸发中，收入的盐类又不能随水蒸气升空，只得滞留在海洋之内。如此周而复始，海洋中的盐类物质越积越多，海水也就变得越来越咸。当然，这是一个极为缓慢的过程，当经过数亿年甚至更久的岁月，积累的盐分就相当可观了。

海水中的盐究竟是从哪里来的？这个问题和海水起源问题一样，始终是人们探讨的难题。直到今天，人们对这一问题的探讨也没有停止过。绝大多数的科学家认为，海水中的盐主要有两个来源：

一个是盐是海洋中的原生物，在地球刚形成时，由于大量降雨和火山爆发，火山喷发出来的大量水蒸气和岩浆里的盐

↑ 海盐

分随着流水汇集成最初的海洋，海水就咸了。不过，那时的海水并没有现在这样咸。后来，随着海底岩石可溶性盐类不断溶解，加上海底不断有火山喷发出盐分，海水逐渐变咸。

另一个是陆地上河流流向大海的途中，不断冲刷泥土和岩石，把溶解的盐分带到了大海之中。据估计，全世界每年从河流带入海洋的盐分，至少有30亿吨。可是，这两种解释都有不完善的地方，特别是海盐主要来自陆地河流的输入的理论。因为人们对海洋物质组成、化学性质和江河输入的计算结果表明，两者之间的数值差非常之大。近几十年，科学家们为了说明这些差异，曾提出过种种理论加以解释，但都不能令人信服。到了20世纪70年代之后，人们从新发现的海底大断裂带上的热液反应中，似乎找到了解释的新证据。科学家对海底热液矿化学反应过程研究后发现，通过海底断裂系的水体流动速率，虽然只相当于河川径流的千分之五，但是，由于断裂聚热所产生的化学变化，却比经河川携带溶解盐所引起的变化大数百倍。海底热液反应是海盐的重要补充的说法，已经为许多海洋科学家所接受。但是，这种解释并没有最终解开海水中盐来源之谜。它只是提供海水中盐来源的一个途径，但绝不是唯一的。

3. 海水颜色之谜

晴朗的夏日，烟波浩渺的大海、蔚蓝色的海面，辉映着蔚蓝色的天穹，极目远眺，水天一色，极为壮观。而事实上，海洋水和普通水并没两样，都是无色透明的。为什么看见的海水呈蓝色呢？原来，五颜六色的海水形成的原因是海水对光线的吸收、反射和散射的缘故。人眼能看见的7种可见光，其波长是不同的，它们被海水吸收、反射和散射程度也不相同。其中波长较长的红光、橙光、黄光，穿透能力较强，最容易被水分子吸引，射入海水后，随海洋深度的增加逐渐被吸收了。

一般来说，当水深超过 100 米，这三种波长的光，基本被海水吸收，还能提高海水的温度。而波长较短的蓝光、紫光和部分绿光穿透能力弱，遇到海水容易发生反射和散射，这样海水便呈现蓝色。

紫光波长最短，最容易被反射和散射，为什么海水不呈紫色？科学实验证明，人眼对可

← 湛蓝的海水

见光有一定偏见，对红光虽可见到，但是感受能力较弱，对紫光也只是勉强看到，由于人的眼睛对海水反射的紫色很不敏感，因此往往视而不见，相反地对蓝绿光都比较敏感。这样，少量的蓝绿光就会使海水中呈现湛蓝或碧绿的颜色。

海底温泉之谜

陆地温泉到处都有，人们已经司空见惯，可海底温泉就很少有人了解了。近年来，由于深潜器的发展，海底温泉才逐渐被人们发现。海底温泉与陆地温泉比较，数量要少很多。到现在为止，全世界发现有温泉的海域还不到 60 处。根据典型调查

↑ 海底温泉

计算，这些海底温泉每年喷入海洋的热水约 150 立方千米，如与世界所有河流倾入海洋的总水量相比，约占 1/300。

海底温泉的水量并不多，可每年带入海洋的矿物质却并不少，例如，仅钙、钡、镉、锰等金属抛入海洋中的数量每年就达几万吨至几十万吨。另外，还带有大量气体，如二氧化碳、氦气、氢气、甲烷气等。海底温泉多数分布在洋中脊，但也常常在有水下火山的海域发现。

发现海底温泉绝非易事，要想进行海底温泉研究更是难上加难。进

行深海考察必须拥有先进的仪器设备，掌握现代化的科学知识，才能有所作为。苏联科学院火山学研究所的科研人员乘坐"火山学家"号科学考察船在鄂霍次克海内进行了数年考察，考察重点海域在千岛群岛一带。他们对海水成分进行了深入的化验分析研究。特别是研究了海底火山区，看看海底温泉对海水成分究竟会造成什么影响。

"火山学家"号科学考察船在靠近海湾时，发现了6处海底温泉，水温相差悬殊，最低的一处只有17℃，最高的一处水温达95℃，其余几处水温在45℃左右。由于存在着海底温泉，使东海岸大片海域的水温升高1℃。对海水进行化验分析显示，海水成分中的矿物质含量增多，海水中钙盐、钠盐和钾盐的浓度均明显高于平均值，而且海水中还含有大量溶解的各种气体。距海底温泉较远处的海水变化甚少，说明影响极小，海水温度也没有差别。

海底温泉喷出来的水柱是一种奇观，它并不像大家想象的那样是和周围的海水混合在一起的，而是形成直达海面的巨型水柱。

例如，"火山学家"号科学考察船在鄂霍次克海距巴拉穆什尔岛西面20千米处发现了一处海底大温泉，从500米深的海底升起来一个巨大水柱，用回声探测器就可测到这个大的"障碍物"。大水柱内的密度和周围海水明显不同，可是温度差别不大，只相差约半度左右，说明高温水柱在上升过程中温度散失很快，但水柱内的化学成分却可保持相对稳定，直至海面。拍摄的气体液热照片显示，在海水表层也能清楚地区分两种不同海水的分界线。预计海底温泉之谜将逐渐被人们揭开。

厄尔尼诺之谜

从 20 世纪 50 年代起，特别是 70 年代后，全球气候变得异常，世界各国灾情迭起。美国夏威夷地区遭受罕见的飓风袭击；秘鲁等地，洪水泛滥；非洲大陆出现百年不遇的大旱灾。在这一时期，我国也发生了类似的洪涝、干旱等异常气候，给农业生产和人民生活带来重大

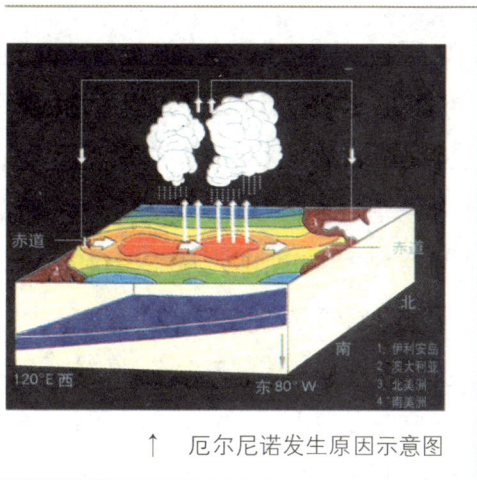

↑ 厄尔尼诺发生原因示意图

损失。面对大自然给人类造成的种种灾害，人们开始思索，科学家们对 50 年的海洋和气象资料分析发现，全球气候异常与厄尔尼诺现象有密切关系。肖特首先提出，厄尔尼诺是一股沿秘鲁沿岸南下的暖流，可一直侵入到南纬 12 度以南。它是一种大规模的海洋和大气相互作用的现象。

厄尔尼诺的老家原在太平洋东部赤道海域，那里终年温暖。在某种情况下，该海域赤道逆流中的一部分海水会沿厄瓜多尔海岸南下，穿过

赤道，向南流动，这就是厄尔尼诺暖流。早些时候，这支海流并没有像太平洋的黑潮、大西洋的湾流那样引人注目。然而，在近20年来，历史上不多见的厄尔尼诺现象时有发生。1972年厄尔尼诺现象的出现，给许多沿海国家的经济，特别是渔业生产带来严重损失。相隔10年之后的1982年，厄尔尼诺现象再度发生。这次厄尔尼诺现象的发生，全世界就有1000多人死亡，经济损失达80多亿美元。澳大利亚共损失了近30亿美元，捕鱼王国秘鲁的捕鱼量骤减。我国则出现了南旱北涝的气候，粮食减产几十亿斤，连远离太平洋的非洲和欧洲也不同程度地受到它的冲击。

厄尔尼诺现象的不断发生，引起沿海许多国家的重视，特别是海洋和气象科学家，都把这一灾害性现象的研究课题放到首卷。在研究的过程中，使科学家最伤脑筋的是，厄尔尼诺暖流是怎样产生的呢？有人认为，它是赤道太平洋信风减弱，热带辐聚向南移动，越过赤道而形成的产物；也有学者说，它是大气压和风系的大幅度移动所致；还有科学认为，它是由于大气环流减弱的结果等等。

科学家们的研究还发现，东南太平洋上的高压带和北澳大利亚到印度尼西亚低压带之间海平面的气压波动——南方涛动，也与厄尔尼诺现象密切相关。于是，科学家们积极参与厄尔尼诺和南方涛动的研究，试图从中找出它们之间的某种关系。关于它们之间的成因也有多种说法，有学者认为，前期西太平洋赤道东风带持续增强使西太平洋聚集暖水，造成太平洋西部相对于东太平洋下倾，产生一回复力；随后东风气流减弱，形成自西向东传播的开尔文波。从而导致东太平洋水温异常增暖的现象。也有人认为厄尔尼诺和南方涛动是一种短周期的全球变化。在它们发生期间，海气间相互作用，大气对海洋的作用主要表现为风力效应，而海洋对大气的作用主要表现为热力效应。赤道东太平洋海温增暖可使南方涛动减弱，而后者又可使赤道信风减弱而引起赤道海温增暖。

在探索厄尔尼诺形成机理的过程中，科学家们还发现了这样的巧合：20年代到50年代，是火山活动的低潮期，也是世界大洋厄尔尼诺现象的次数较少、强度较弱的时期；进入50年代后，世界各地的火山活动进入了活跃期，与此同时，大洋上厄尔尼诺现象次数也相应增多，而且表现十分强烈。根据近百年资料统计，75%左右的厄尔尼诺现象是在强火山爆发后一年半到两年间发生的。这种现象也引起科学家们的特别关注。

到目前为止，人们对这支行迹不定、出现无常的厄尔尼诺现象进行了种种尝试，仍然是众说纷纭，难以定论。厄尔尼诺这种海气之间的相互作用和影响又直接扰乱全球的气候。于是，人们认为厄尔尼诺现象是反映大洋海水温度和气候异常变化的重要信息，只要认识掌握了厄尔尼诺海流的产生和发展规律，才有可能弄清全球气候变化规律。但是，科学家们的良好愿望和目前海洋科技发展有较大的差距。因为在一望无际的大洋里，仅用目前的海洋调查手段所获取的资料，真可以说是寥寥无几，远不能满足海洋研究的需要。由于缺乏热带太平洋较为系统的资料，特别是西太平洋方面的资料，加之这支海流有时不见踪影，有时又极度发展，又给调查和研究带来困难。因此，厄尔尼诺的很多问题，便成为90年代海洋、大气科学的研究热点。

未解谜之一：厄尔尼诺现象是如何形成的？那巨大的暖水是从何处来的？它的热源在哪里？过去，科学家们曾提出各种各样假说，有的说是海底火山爆发；有人认为，热源来自地心等等。不管哪种解释，都拿不出令人信服的依据。

未解谜之二：太平洋发生厄尔尼诺现象有没有其自身的规律？例如，它发生周期的长短受什么制约；它的发生、生长与消衰以及强度有哪些代表性的信号等等。

未解谜之三：无论是厄尔尼诺现象或是反厄尔尼诺现象的发生，都是大洋内暖水的大范围运动，那么，这种暖水的运动和北太平洋发生的顺时针大洋环流，及在南太平洋中发生的逆时针大洋环流是什么关系？特别引起海洋、大气科学家们注意的是，厄尔尼诺与黑潮的大弯曲、摆动有联系吗？

难解谜之四：在大洋中发生厄尔尼诺的特点之一是，发生范围大，时间长，这给我们监视、监测带来了极大的困难。如何确定反映厄尔尼诺过程的发生时间、结束时间，以及监测位置等，以达到用有限的观测点上的资料来预报厄尔尼诺的目的？

难解谜之五：大洋中出现厄尔尼诺现象为什么能影响全球气候？人们能不能通过预测厄尔尼诺现象的发生，来预报异常气候？今天，人们对厄尔尼诺现象的认识比过去深入多了，随着海洋科学技术的发展，特别是卫星遥感技术的应用，人们有理由相信，在今后 10 年内，将会对厄尔尼诺现象的生成机理有深刻认识，实现对厄尔尼诺的预报。

恐怖的海啸

2003 年 11 月 16 日上午 8 时 43 分，一次里氏 7.5 级的海底地震在阿拉斯加附近海域发生了，在不到 25 分钟的时间里，美国国家海洋与大气管理局便向美国太平洋沿岸地区发出了海啸警报，40 分钟后，在距阿拉斯加南面好几百公里的海底

↑ 海啸灾难

里，一只压力传感器捕获到了这次海啸的前锋波浪。数据显示，这些波浪仅仅只有 2 厘米高，在以前的计算机模拟中，科学家已经知道，这样的波浪是不大可能对夏威夷和其他遥远的太平洋海岸构成威胁的，于是在警报发出 90 分钟后又将它撤销。

几个小时后，海啸抵达夏威夷的希罗湾，它的浪高只有 21 厘米，比事先预计的仅高出 2 厘米，海啸没有造成任何破坏。美国国家海洋与大气管理局太平洋海域与环境实验室的科学家埃迪·N. 伯纳德说，成功地撤销一次警报意味着节省一笔资金，例如在这次海啸中，假若科学家没有充分的依据敢于撤销这次警报，那么仅夏威夷一地，人们的撤离费用就可高达 6800 万美元，而科学家在太平洋地区布设 6 个海底传感器的费用也只用了 1760 万美元。这些传感器布设于 1997 年，它们在太平洋里构成了一个监测网络。

在过去，一张海啸地图只能显示海啸可能淹没的区域，而今天，人们已经在用功能强大的计算机模拟海啸的力量了。菲利普·瓦特是美国运用流体力学的工程师，他和他的同事们在计算机上制作出了详细的数字模型，模型显示海岸的地形和可能被海啸淹没的区域，在需要的时候，这个模型可以立即演示某种海啸会给哪些地区造成何种程度的破坏，例如海浪是会击倒一个人，冲走一部汽车，还是掀翻一艘船。所有这些数据都将成为科学家预报海啸的根据。

海啸的发生是否有规律可循呢？要回答这个问题需要长期而翔实的资料。在日本东北沿岸的一个叫宫古的地方，人们保留了一些有关海啸的记录，根据那些记录，科学家推测，至少在宫古这个地方，一次浪高 4 米的海啸大约平均每 63 年发生一次，浪高 7 米的海啸平均大约 100 年发生一次。在过去的 141 年里，这里的人们记录了 3 次海啸，其中两次浪高 4 米，一次浪高 7 米。而浪高 20 米的海啸会每 229 年出现一次。在 1707 年，一次这样狂暴的海啸袭击过日本西南的太平洋沿岸城市土佐清水。

大约 95% 的海啸都是由地震引发的，它们中的很多并没有造成灾害，但是一些海啸则拥有惊人的力量，一旦发生则往往酿成巨大的灾难。

由海底滑坡引发的海啸是不可掉以轻心的。在很多时候，海底滑坡的过程很平缓，海底沉积物只是缓慢地移动着，它们的体积也不大，但在另外一些时候，情况就完全不同了，像山一般巨大的土层会突然地崩塌，其移动的速度超过每小时 100 千米。1998 年 7 月，巴布亚新几内亚附近的一次海底地震引发了一次海底滑坡，而这次滑坡又带来了一次海啸，海啸掀起高达 15 米的浪涛蹂躏了这个岛国 20 千米的海岸线。

和地震不同的是，海底滑坡的强度是没有上线的。科学家估计，发生在巴布亚新几内亚附近的海底滑坡大约移动了 4 立方千米的物质，但那只是一次规模很小的滑坡，我们现在知道的一次巨大的海底滑坡发生在大约 8000 年前的挪威海岸，那次滑坡使 8500 立方千米的物质发生了位移。

位于海洋中的火山岛会引发更加可怕的海啸，这些火山岛往往在喷发了几个世纪后突然因耗费完所有的能量而坍塌并滑向深深的大海，这个剧烈的过程所引发的海啸可以掀起 100 米高的浪头，科学家说，这样的事情，大约每 10000 年才会发生一次。

但最可怕的海啸则并不来自于海洋，而是天外星体的撞击，当那些星体撞击地球时，它们有 70% 的可能是落在海洋里的。科学家的观点是，这样的海啸大约每 5200 年发生一次，他们还认为，一个直径 300 米的天外物体引发的海啸可以掀起 11 米高的浪头，并淹没至少 1 千米的内陆地区。

国奎恩斯大学的沉积学专家斯蒂芬·F. 皮克和他的同事们通过实地考察找到了一个巨大的海底陨石坑，它位于新西兰西南海域的海底，其宽度达到 20 千米，有 150 米深。科学家推测，这个坑就是一颗陨星造成的，当年的那颗陨星大约来自西北方向，它耀目的光芒照亮了东南澳大利亚的天空，在当地的土著居民中，现在还流行着火流星的传说，它很可能就是这一奇异景观在民间传说中的显现。

科学家推测，那颗陨星的直径大约有 1 千米，根据计算，一颗直径 1 千米的陨星假若是落在距北卡罗来纳州 600 公里的大海里，它会在两个小时之内将浪高 130 米的海啸送达大西洋沿岸的科德海角，大约 8 个小时后，高达 30 米至 50 米的波浪就要扑向欧洲的海岸了。

Part 7

海洋地质之谜

大西洋的裂谷之谜

从前，人们以为洋底像锅，越往中央越深。1873年，英国海洋考查船"挑战者"号，用普通测海锤，测得大西洋中间有一带比较高的地方，好像是一座大山。

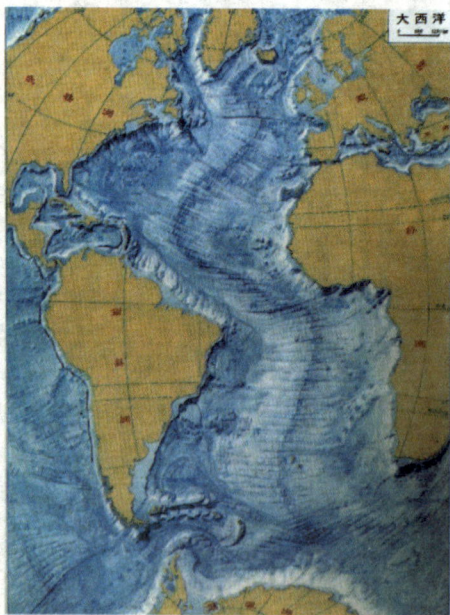

← 大西洋的裂谷

1925～1927年，德国海洋考察船"流星"号，用回声探测仪，探查到了那座大山，还给它画了图像：这座大山在大西洋中部，由北向南，呈S状绵延，长27780千米，宽1100～1800千米，山顶锯齿形，平均高出洋底3000米。它如同一条巨龙，伏卧在海底，成为大西洋的一条"脊梁骨"。因此，科学家给它起了一个十分形象的名称——"大西洋中脊"。

1953年，美国地质学家尤因和希曾惊奇地发现，大西洋中脊与大陆上的山脉大不一样。它好像被谁用一把快刀，顺着山的走势，逢中劈开一道裂缝。这条裂缝深1～2千米，科学家叫它"裂谷"。

"冰岛裂谷"是大西洋中脊露出水面的地方。1967年，英国地质学家带领一帮人来到冰岛，他们在裂谷两边的山尖插上标杆，严格监视，定期测量标杆的距离。他们的辛劳终于有了成果——几年之内，标杆之间的距离比原来拉开了5～8厘米。原来大西洋中脊的裂谷，正在不断扩展！科学家们十分纳闷，是谁劈开了山岭，使伤口不断"化脓"，而且越张越大呢？

科学家们真想一头扎进裂谷洋底，看个究竟。可几千米深的洋底，可不是闹着玩的！后来，问题终于得到了解决。美国和法国首先制造了"深潜器"，人坐在里边，可以安全下潜到几千米深的洋底。1972～1974年，美法科学家联合行动，美国出了一艘"阿尔文"号；法国开出两艘，一艘叫"阿基米德"号，一艘叫"塞纳"号。他们沉到2800米深的亚速尔群岛大裂谷底部，在深潜器强聚光灯的照耀下，从小小的玻璃窗往外瞧——在宽约2000米的裂谷底下到处都是裂口，好像是一个个张开的大嘴巴。那些大嘴巴，正在喷吐热水。从裂口里溢出的熔岩，在洋底凝固，科学家们一下子明白过来：原来这儿是大西洋底地壳裂开的地方，一股无比巨大的力量，从地下升起，正使劲把裂谷朝两旁推开。

事实证明，大西洋正在以每年1～4厘米的速度扩张。几亿年前，南北美洲、欧洲和非洲大陆，原本是一家，由于地壳由北向南断开了一个裂口，海水涌入，淹成了一条海沟。海底裂口不断，爆发火山涌出熔岩，将地壳朝东西两边推去。经过了漫长的 1.5 亿年，便成了现在这个样子。翻开世界地图，你仔细瞧瞧，南美巴西那个大直角，不是刚好同非洲几内亚湾吻合在一起吗？北美和欧洲也有类似的情形。这一点早已被"大陆漂移说"的创立者魏格纳所证实。

人们不禁要问，将来会怎样？科学家预测，5000 万年后，大西洋还要张开 1000 千米。有可能将来各大陆又会联结在一起，但是这只不过是个简单地推想，因为地壳的运动非常复杂，绝不单是大西洋中脊决定的。

深海沉积岩之谜

在我国，大约有 1/7 的土地是石灰岩。石灰岩被弱酸性水经过漫长岁月的溶蚀，从而形成熔岩地貌（旧称喀斯特地貌），其最壮观的有我国广西桂林的峰林以及云南路南的石林。

↑ 石灰岩景观

　　据说，石灰岩的90%是由海洋中的有孔虫、放射虫、硅藻等浮游生物的遗骸（石灰质硬壳）沉积而成的。不过，其沉积速度相当慢，1000年只沉积10毫米左右。桂林峰林的石灰岩层厚达3000至5000米，其沉积时间大约花掉2亿年。其后，由于地壳变动慢慢隆起成陆地，又经过大自然千百万年的"雕刻"，从而形成当今的奇峰异洞。

　　浮游生物的遗骸的沉积速度虽然极慢，但它对古气候的研究却非常有用。因为从深海钻探得到的岩芯中的浮游生物的化石中，能够明白从海底诞生时，直到现在的地球的气候变化。而其中的某些信息，就给古地磁的研究提供了宝贵的信息。即从沉积物中发现在过去的4000万年之间，地球磁极至少发生过140多次的逆转（地球南北磁极互换，其原因是个谜）。

　　在古生物学家的研究中，发现"生物事件"（某一生物群的突然灭绝或出现）与地球磁极的逆转有着不可思议的关系。例如，已经证实有孔虫在过去的450万年间，灭绝8种，其中7种是在靠近地球磁场逆转期间发生的。同样现象也在放射虫中被发现。那么，地球磁极逆转和生物事件有什么关系呢？

　　若根据现在被认为是最有力的假说，原因是不断降落到地球上的宇宙射线量的增加。一般认为，在磁极发生逆转时，地磁强

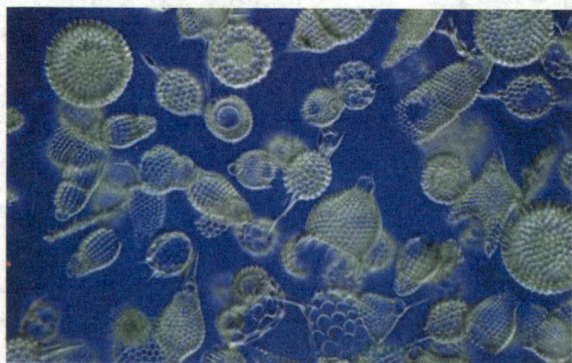

↑ 硅质放射虫贝壳

度变成接近零的状态下，包围地球的磁屏蔽层——磁圈变得极弱，来自宇宙空间的射线不断大量降落在洋面上，从而使大量的浮游生物灭绝。由于 90% 的海洋生物栖息在浅海，如果浮游生物消失，把它们当食物的其他生物也会无法生存而消失，从而引起食物链的大变异。

浮游生物还与地球温暖化有微妙的关系。即浮游生物能起到固定二氧化碳的作用。因为二氧化碳与钙能形成石灰石。因此，地球上约 90% 的二氧化碳被作为石灰石固定下来。如果浮游生物全部死亡，那固定二氧化碳的系统可能崩溃，大气中的二氧化碳浓度将上升，从而引起地球的温暖化。

现在，已经发现地球磁场有年年不断变弱的倾向——2000 年前是现在的 1.5 倍。如果照此下去，大约 1300 年后，地球磁场有消失的可能性。可是，我们人类的诞生只是 3 万 ~ 4 万年的事，对磁场的消失没有经验，不知道它对人类及生物会带来什么影响。但深海长眠的沉积物中，也许记录着这样的信息吧。

海底世界之谜

地球有 71% 的表面是海洋，辽阔的海洋与人类活动息息相关；海洋是水循环的起始点，又是归宿点，它对于调节气候有巨大的作用；海洋为人类提供了丰富的生物、矿产资源和廉价的运输，是人类的一个巨大的能源宝库。随着科技的进步，人类对海洋的了解正日益深入，但神秘的海洋总以其博大幽深，吸引着人们对它的思索。

1. 太平洋洋脊偏侧之谜

从全球海底地貌图中可以看到，海底地貌最显著的特点是连绵不断的洋脊纵横贯通四大洋。根据海底扩张假说，洋脊两侧的扩张应是平衡的，大洋洋脊应位于大洋中央，但太平洋洋脊亦不在太平洋中央，而偏侧于太平洋的东南部，并在加利福尼亚半岛伸入了北美大陆西侧。显然，从加利福尼亚半岛至阿拉斯加这一段的火山、地震、山系等，难以用海底扩张假说解释其成因。那么，太平洋洋脊为什么偏侧一方？北美西部沿岸的山系、火山、地震等又是怎样形成的？这是有待进一步探索的问题。

2.西太平洋洋底地貌复杂之谜

由于太平洋洋脊偏侧于东南方，在太平洋东部形成了扩张性的海底地壳：东太平洋海隆。但在太平洋中西部广阔的洋底，地貌复杂，存在着一系列的岛弧、海沟、洋底火山山脉和被洋底山脉、岛弧分隔成的较小的洋盆等，看来并不完全像是由海底扩张所产生的洋底地貌，而更像是古泛大洋洋底的一部分。因为海底扩张所形成的地貌，除了海沟、岛弧、沿岸山脉外，大部分应是较为平坦的、从洋脊到海沟有一定倾斜的海隆地貌。虽然有人试图对此作出解释，但未有较公认、一致的看法。

3.北冰洋的海底扩张是否仍在继续

北冰洋是四大洋中最小的，又存在广阔的大陆架，有人把它看成是大西洋的一部分，即大西洋北部的一个巨大的"地中海"。虽然北冰洋也存在大洋中脊：北冰洋中脊（南森海岭），但在整个北冰洋地区，火山、地震活动是很微弱的。有人曾作过统计：从 1900～1980 年间，北纬 70° 以北只发生了 40 次 6 级以上的地震，一般认为是北极厚厚的冰盖阻止了地震的发生，但也有可能是地球自转产生的偏向赤道的离心力会使地球内部的能量向中、低纬度转移，从而削弱了两极地区的活动。而在南纬

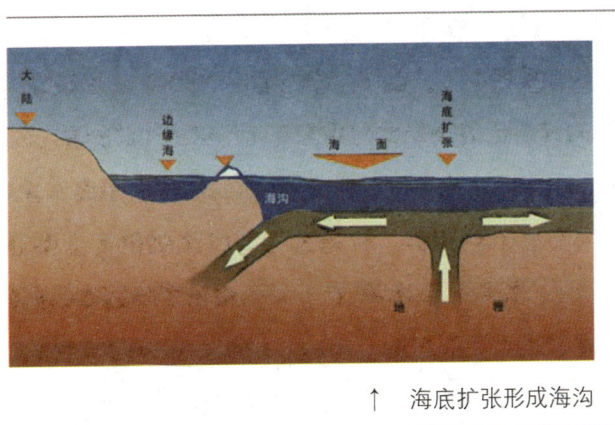

↑ 海底扩张形成海沟

70°以南的地区，从1900～1980年也只记录到一次6级以上的地震。一般地说，任何快速自转的天体，其两极地区的活动均会受到削弱，太阳黑子活动主要发生在南北纬35°之间，亦可能与其快速自转有关。地球作为一个快速自转的天体，北冰洋的地震和海底扩张活动就不能不受到影响，从其地震、面积、有无深海沟等情况判断，北冰洋的海底扩张即使没有停止，也是非常微弱的。

4. 阿留申岛弧之谜

阿留申岛弧是地震频繁的地区之一，令人感兴趣的是：阿留申岛弧向南弯曲，这种形状似乎显示有一种自北向南的力推动形成的，如史前冰川的推动等，另外，

↑ 阿留申岛岛弧

阿留申岛弧南侧的深海沟表明，太平洋的海底扩张对它的作用是向北推进的，但从太平洋洋脊位置来看，太平洋洋脊伸入到北美大陆，南北向偏东分布，其扩张方向应是向西偏北，而不应向北，那么，阿留申海沟是如何形成的呢？

5. 无震海岭与大陆平静山系的形成

一般认为大洋中脊是大洋地壳的诞生处，大陆边缘的山脉是海底扩

张运动的结果，它们的成因可得到较完美的解释。但在各大洋中，还存在着许多无震海岭，它们与大陆内部的一些平静的、古老的山系一样，仍未得到较为公认的解释。美国有人提出所谓"热点说"，试图解释无震海岭的形成，他们认为热点处火山活动的源地固定于板块之下的地幔深处，当板块移过热点上面时，随着热点处岩浆不断喷发形成火山，就可以形成一列沿着板块运动方向的火山脊或火山链，即无震海岭。

6. 南北半球地震不均衡

有人曾对南北半球发生在 1900 年至 1980 年间 6 级及 6 级以上共 7936 次的地震作过统计，结果发现南北半球发生地震的次数是不均衡的：北半球共发生了 4634 次，南半球只发生了 3277 次，赤道发生了 25 次，北半球比南半球多四成以上。纵观世界火山、温泉分布图，亦可发现，北半球要比南半球多，这是什么原因？

由于南北半球海陆分布的不均衡特征，很容易使人联想到，海陆分布情况可能影响到地球内能的释放。温泉、火山、地震都是地球释放内能的方式，来自地热流的研究给我们这样的启示：地热流是地球内能释放的最基本的形式，地球的内能通过地热流连续不断地经由地壳释放出来，地壳是地球内能释放的最主要障碍，由地壳均衡假说可知，大陆地壳远厚于大洋地壳，又据有关资料显示，大陆地壳的平均厚度为 35 千米，海洋地壳厚度仅为 6 千米。不难想象，地球的内能通过大陆地壳要比通过海洋地壳困难得多。

由于北半球大陆板块面积比南半球要大，而南半球的大洋板块面积比北半球的要大，因此，北半球的内能更多地受阻于大陆板块，通过地热流释放出来的内能就要比南半球少一些，这些受阻的内能在大陆板块下面积聚，并在地球自转的作用下向中低纬转移，当这些能量积聚到一定的程度，就可能冲破地壳，在一些地壳较薄弱的地带（如板块边缘）以火山、地震等形式释放出来。在一个较长的时期内，南北半球各自释放的总内能应趋于均衡，即北半球通过地热流、温泉、火山、地震等形式释放出来的内能近似于南半球通过地热流、温泉、火山、地震等形式释放出来的内能。由于北半球通过地热流释放的内能要比南半球少，其累积的能量就通过火山、地震、地热活动释放出来。这就是北半球为什么比南半球多火山、地震的原因。

海山之谜

世界上有一种山，是长在海底的。这样的水下山脉世界上有几万座，它们一般高出周围海底约 1000 米，被叫做海山。实际上它们是海底的火山。尽管对海山的探测从近几年才开始，但每一座海山，都会给科学家带来惊喜，他们在水下的每一处山峰都会有新的发现。

近年来，科学家们在多座海山中发现了近 1000 个物种，其中约有

← 海底火山爆发奇观

135

1/3 是新物种，而且大部分是深海环境中特有的物种。如身长达 50 厘米的长足海蜘蛛，在海底巨大压力的环境中，经过漫长地进化，它的某些形态结构已发生变化，腹部变得很小，其中性腺和大部分肠子分布在足内。同时，也发现了一些活化石，如与海星有远亲关系的海百合。海百合喜欢在珊瑚边生活，它们一边爬行一边伸出羽状臂捕捉食物。

戴维森海山藏身于距离海面 1200 米的地方，位于美国加利福尼亚州海岸线附近，是美国最大的海山之一，科学家最近在这里发现了一些罕见的动物。

由于戴维森海山远离海岸，又深藏海底，所以海水的污染和渔业的过度捕捞都很难对其造成影响，而且 2℃ 的冰冷水温也使科研人员很少会潜入到这里。因此，这里成为许多深海生物的"伊甸园"。进行海洋生物普查的研究员潜入到了 1854 米深的海底，使用无人潜水艇拍摄到了鲜为人知的景象。古代的火山熔岩的表面坚固多岩石，在海山附近还生活着几米高的深海珊瑚，这样的环境非常适合深海动物的生活。研究人员发现了一个捕蝇海葵，他们认为这个海葵是迄今发现的最漂亮、最迷人的海葵，它长得有些像捕蝇草；还发现了一条蟾蜍鱼，这种鱼身上布满了蟾蜍一样的疙瘩，同时又长满了尖刺，看起来有点毛骨悚然；科学家还在一片珊瑚礁下发现了一条怪异的鳗鱼，有人觉得它像传说中的巫师，所以管它叫巫师鳗鱼；他们还发现了一个正在蜕壳的海蜘蛛。

地理学家正在收集海山的岩石标本，希望尽早找出戴维森海山形成的原因和过程。虽然地质学家已经估计出了戴维森海山大约形成于 1200 万年前，但他们希望能更确切地追溯海山形成的年代和海底火山喷发的时间。而海底岩石标本将帮助地质学家们解开这些疑团。

化石饼中的石鱼之谜

↑ 鱼化石

在非洲的马达加斯加岛西北部的一个村子附近，人们无意中发现一种包裹着鱼的石头。从外表看，这些石头与普通石头没有什么区别，扁平的样子，呈灰黄色。然而，如用锤子敲击石头的侧面，石头会分层裂开。从裂开的对称石质面上，可以清楚地看到一条较为完整的鱼深深地嵌在石面上。鱼的纹路清晰可辨，形状、大小和今天热带海洋中生活的一种鱼差不多。经过古生物学家辨认，这种鱼在地球上早已绝种。由于这种鱼是化石饼层内发现的，人们就给它起了个名字，叫它石鱼。经初步鉴定，这种石鱼可能生活在1.8亿年前的古海洋中。经过研究，人们惊奇地发现，绝大部分的化石饼中的鱼，都保存完好，放到显微镜下都能看清石鱼的眼神经和颈动脉痕迹。

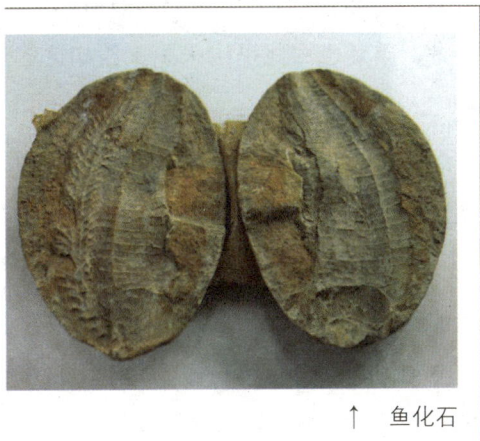

在研究探讨石鱼的过程中，有关石鱼的种种疑问被一个个提出来了，

一些问题至今还没有找到令人信服的解释。

第一个疑问是，这种古海洋中的热带鱼是怎么进入"石套"中的？从人们获得的化石资料看，几乎每块石饼的形状和它内部所包藏的鱼都差不多，因此完全可以确定，它们都是同一种鱼。因此，人们这样解释这些鱼的"石化"过程：大约在亿万年前，在有机体腐蚀和其他化学作用下，海水中产生大量的氧化硅结晶体。一群群的鱼突然遭到某种外力的作用，例如大规模的火山喷发或是大地震，使鱼群死亡。氧化硅结晶体把死鱼包裹起来。开始时，鱼身上的硅化物呈膜状，可能并不厚，但随着时间的推移，硅化物越结越厚，把鱼从外面用石质全部套起来了。但是，质疑也由此提出来了，假如这些鱼果真是在一次大的火山喷发中被"石化"的，那么，在这些化石中，为什么只有这一种鱼，而无其他的海洋生物？而且，鱼是非常容易腐烂的有机体，为什么这些鱼能如此完好地被保存下来？

第二个疑问是，这种鱼为什么在马达加斯加岛上能够存在，而且数量那么多？在别的什么地方也会有这种鱼吗？果然，人们又在北海格陵兰海和斯匹次卑尔根海岸的岩石中，也发现了这种石鱼。人们把这几处发现的石鱼标本比较研究，发现它们之间很相似，不仅它们石化的时间差不多，其鱼类的类别也差不多。这就是说，地球各处的石化鱼的石化过程是一致的。那么，从今天的地理环境看，北海和马达加斯加岛之间，相隔数千千米，可见这种鱼在当时的古海洋中分布是很广的。然而，事实上这种被石化的鱼是在后来的中生代才形成"化石饼"的。那么，这种古地质变化在地球上可能发生过不止一次，或者说，这可能是在不同海域中分别发生的。